中天实训教程

机电一体化

——以源峰 TVT – METSA – T 设备为例

编审委员会

（排名不分先后）

主　任	于茂东
副主任	李树岭　吴立国　李　钰　张　勇
委　员	刘玉亮　王　健　贺琼义　郝志刚　董焕和
	郝　海　缪　亮　李丽霞　李全利　刘桂平
	徐国胜　徐洪义　翟　津　张　娟
本书主编	周秀峰
编　者	周秀峰　宋宏文　王建杰　吕　东　翟　津
	杨　鹏　金　红　陈　新　郝乃新　王春丽
	冯艳莉

中国劳动社会保障出版社

图书在版编目（CIP）数据

机电一体化：以源峰 TVT - METSA - T 设备为例/周秀峰主编. —北京：中国劳动社会保障出版社，2017

中天实训教程

ISBN 978 - 7 - 5167 - 2993 - 9

Ⅰ.①机⋯　Ⅱ.①周⋯　Ⅲ.①机电一体化-教材　Ⅳ.①TH - 39

中国版本图书馆 CIP 数据核字（2017）第 120990 号

中国劳动社会保障出版社出版发行

（北京市惠新东街 1 号　邮政编码：100029）

*

北京市艺辉印刷有限公司印刷装订　新华书店经销

787 毫米 × 1092 毫米　16 开本　21 印张　396 千字

2017 年 7 月第 1 版　　2017 年 7 月第 1 次印刷

定价：48.00 元

读者服务部电话：(010) 64929211/64921644/84626437

营销部电话：(010) 64961894

出版社网址：http://www.class.com.cn

前 言

为加快推进职业教育现代化与职业教育体系建设，全面提高职业教育质量，更好地满足中国（天津）职业技能公共实训中心的高端实训设备及新技能教学需要，天津海河教育园区管委会与中国（天津）职业技能公共实训中心共同组织，邀请多所职业院校教师和企业技术人员编写了"中天实训教程"丛书。

丛书编写遵循"以应用为本，以够用为度"的原则，以国家相关标准为指导，以企业需求为导向，以职业能力培养为核心，注重应用型人才的专业技能培养与实用技术培训。丛书具有以下特点：

以任务驱动为引领，贯彻项目教学。将理论知识与操作技能融合设计在教学任务中，充分体现"理实一体化"与"做中学"的教学理念。

以实例操作为主，突出应用技术。所有实例充分挖掘公共实训中心高端实训设备的特性、功能以及当前的新技术、新工艺与新方法，充分结合企业实际应用，并在教学实践中不断修改与完善。

以技能训练为重，适于实训教学。根据教学需要，每门课程均设置丰富的实训项目。在介绍必备理论知识基础上，突出技能操作，严格实训程序，有利于技能养成和固化。

丛书在编写过程中得到了天津市职业技能培训研究室的积极指导，同时也得到了河北工业大学、天津职业技术师范大学、天津中德应用技术大学、天津机电工艺学院、天津轻工职业学院以及海克斯康测量技术（青岛）有限公司、ABB（中国）有限公司、天津领智科技有限公司、天津市翰本科技有限公司的大力支持与热情帮助，在此一并致以诚挚的谢意。

由于编者水平有限，经验不足，时间仓促，书中的疏漏在所难免，衷心希望广大读者与专家提出宝贵意见和建议。

编审委员会

内容简介

本书采用项目教学、任务驱动模式，以学习机电设备器件使用和西门子 PLC 编程方式为主要内容，通过设备调试实现相应的控制要求，弱化理论推导过程，强化器件结构特点和实际应用。书中每个教学项目包括若干任务，每个任务分为"任务描述""任务分析""相关知识""任务实施"等栏目来展开，以完成任务为中心，在完成任务的过程中学习必要的理论知识。为进一步提升学员分析和解决问题的能力，灵活应用所学知识，每个任务都设置了"任务扩展"栏目，帮助学员进一步拓宽知识面。为方便学习，每个任务的实施都有具体的步骤和评价环节。

本书由周秀峰主编，其中周秀峰负责绪论、项目六、项目九的编写和全书的审稿工作；王春丽、冯艳莉负责项目一的编写；宋宏文负责项目二的编写；王建杰负责项目三的编写；吕东负责项目四的编写；翟津、杨鹏负责项目五的编写；金红负责项目七的编写；陈新负责项目八的编写；郝乃新对本书的程序进行了验证，并编写了项目九任务二的程序。本书在编写过程中得到了许多同行的热情帮助，吸取了大家的宝贵意见。

欢迎您把对本书的建议发至 83247055@ qq. com，以便修订时及时改进。

目　录

绪　　论

一、机电一体化实训装置概述

1. 基本组成与功能

TVT – METSA – T 型模块化机电一体化综合实训装置采用铝合金型材结构，其上安装有井式供料单元、传送带传送与检测单元、行走机械手与仓库单元、切削加工单元、多工位装配单元共五大单元，每个单元由一个中继器 YF1301 转接至 PLC 模块。五大单元与电源模块、S7 – 300 PLC 模块、S7 – 200 PLC 模块、变频器模块和触摸屏模块构成整个实训装置。该实训装置涵盖知识广泛，涵盖了气动传动知识、传感器检测知识、直流电动机驱动知识、步进电动机驱动知识、伺服电动机驱动知识、触摸屏应用知识、上位机监控知识、变频调速知识、PLC 知识、故障检测知识、机械结构与系统安装调试知识、人机接口知识、运动控制知识等。TVT – METSA – T 型模块化机电一体化综合实训装置如图 0—1 所示。

图 0—1　TVT – METSA – T 型模块化机电一体化综合实训装置

2. 系统主要参数与规格

（1）尺寸：1 810 mm × 1 210 mm × 1 200 mm（$L \times W \times H$）。

（2）电源：三相五线 380 V 交流电（380 V ± 10% 50 Hz）。

（3）功率：0.5 kW。

（4）气源：外接气源气压大于0.6 MPa，气管直径为6 mm。

（5）工作温度：5~40℃。

（6）工作湿度：≤80%。

（7）质量：<100 kg。

3．使用注意事项

在使用设备时，应事先阅读设备说明书，严格按照说明书的操作规范进行操作，并在熟悉该实训装置的教师指导下进行实操学习，在使用时还需重点注意以下事项：

（1）确保实训装置电源接线正确。

（2）确保实训装置可靠接地。

（3）确保线路无短路。

（4）确保系统连线正确无误。

（5）确保系统气压正常。

（6）在使用相关器件前必须仔细阅读各部件的使用手册。

（7）如果发现有异常，应立即按下急停按钮并切断电源。

二、典型元器件介绍

1．工件

工件主要由料块和料柱组成，其中料块采用工程塑料材质，分为黄色和蓝色两种，可通过调节内嵌的弹簧钢珠来调节料块和料柱的松紧。料柱又称料芯，由铝质和铁质两种材质组成，如图0—2所示。

图0—2　工件的组成

2．中继器 YF1301

每个单元都用到中继器YF1301，如行走机械手与仓库单元的电气布线采用集线控制方式，将所有的传感器、执行器的端口，包括器件所需的供电端口，都直接连到中继器YF1301，通过YF1301转接，并接到PLC模块，这种布线采用就近原则，使各单元均独立化，节省了布线空间，由于采用了带屏蔽的集成电缆的传输方式，防止了干扰、断线等故障的发生。传感器输出信号为低电平，PLC 输入端为低电平有效，信号已经在中继器 YF1301 内进行转换。PLC 输出高电与执行器电平一致。当有信号时指示灯会发光。每一位端口的作用相同，位置顺序与 PLC 主机面板端子的位置是固定的连线方式。中继器 YF1301 接线图如图 0—3 所示。

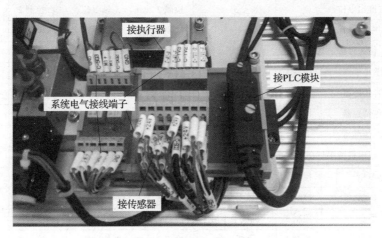

图 0—3　中继器 YF1301 接线图

三、现场检测信号与控制信号

现场检测信号与控制信号（CH0 或 CH1）通过数据线接收中继器 YF1301 提供的检测信号，并将 PLC 输出的驱动信号传给中继器 YF1301 驱动执行器件动作，当中继器 YF1301 接不同的控制单元时，现场检测信号与控制信号也会有所不同，如图 0—4 所示，当连接中继器 YF1301 的数据线接 CH0 端口时，现场检测信号与控制信号（CH0）端口可以检测所连接单元的相应信号，并通过 PLC 输出信号控制该单元执行元件动作。

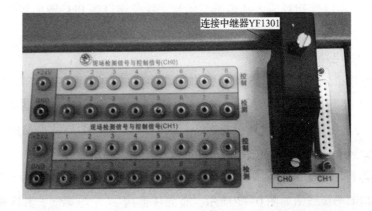

图 0—4　现场检测信号与控制信号端口（CH0、CH1）

各单元功能及现场检测信号与控制信号端口对应关系见表0—1。

表0—1　　　　各单元功能及现场检测信号与控制信号端口对应关系

井式供料单元				切削加工单元			
检测1	气缸退回限位	控制1	料井气缸	检测1	X轴原点	控制1	X轴CP1
检测2	气缸推出限位			检测2	X轴限位	控制2	X轴方向DIR1
检测3	料柱井工件检测			检测3	Y轴原点	控制3	Y轴CP2
传送带传送与检测单元				检测4	Y轴限位	控制4	Y轴方向DIR2
检测1	电感传感器	控制1	电感气缸	检测5	Z轴原点	控制5	工作台夹紧
检测2	电容传感器	控制2	电容气缸			控制6	Z轴下降
检测3	颜色传感器	控制3	颜色气缸			控制7	钻运行
检测4	光电传感器			多工位装配单元			
行走机械手与仓库单元				检测1	转盘原点	控制1	转盘CP
检测1	A相	控制1	机械手右旋转	检测2	料块检测	控制2	转盘DIR
检测2	B相	控制2	机械手左旋转	检测3	料块芯检测	控制3	工件固定气缸
检测3	原点	控制3	机械手下降	检测4	料芯井料芯检测	控制4	料块推出气缸
检测4	终点限位	控制4	手抓夹紧	检测5	料块固定	控制5	压料柱气缸
检测5	手臂右限位	控制5	机械手下行	检测6	压料柱回位		
检测6	手臂左限位	控制6	机械手上行	检测7	压料柱到位		
检测7	库1			检测8	临时库位		
检测8	库2						

四、设备接线

1. PLC 模块接线

PLC 模块接线图如图 0—5 所示，PLC 模块红色端口接直流电源 24 V，黑色端口接直流电源 0 V，蓝色端口接 PLC 输入和传感器信号，绿色端口接 PLC 输出和执行器信号。

2. 变频器模块接线

（1）变频器主电路接线

变频器主电路接线图如图 0—6 所示，将电源模块的 U、V、W、PE 与变频器输入端 L1、L2、L3、PE 进行连接，再将变频器的输出端 U、V、W、PE 与电动机的 U、V、W、PE 进行连接，为避免误操作，设计设备时，已将变频器输入端与输出端的端子插接孔尺寸有所区别，变频器输入端插接孔比输出端插接孔孔径大。

（2）变频器控制端子的连接

变频器控制端子接线图如图 0—7 所示，首先应连接 24 V 电源线，其次做好 PLC 输出端与变频器控制端子的连接。

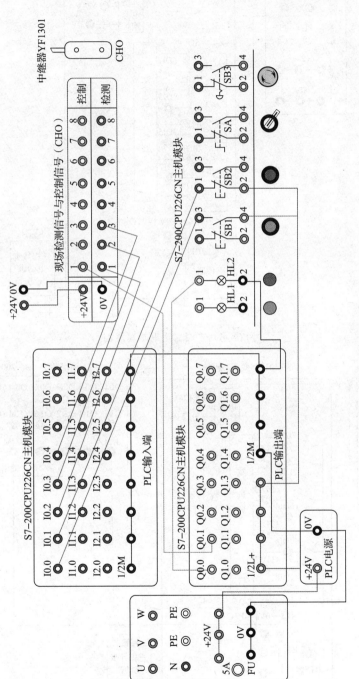

图 0—5　PLC 模块接线图

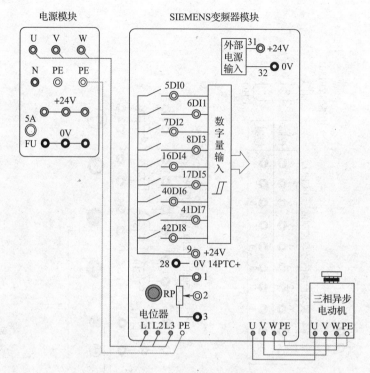

图0—6　变频器主电路接线图

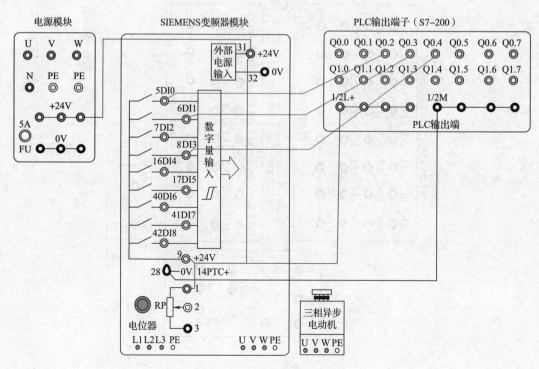

图0—7　变频器控制端子接线图

五、设备操作过程

1．开机前检查

（1）取下防尘罩。

（2）开启空气压缩机，使输出压力为 0.6～0.8 MPa。

（3）检察二联件上的气压表是否正常，如过大或过小应调节到 0.4 MPa。

（4）检查井式供料单元中井式供料塔内是否有料柱，如没有需上料。

（5）检查传送带传送与检测单元中传输带上是否有料块或其他物品，并清理。

（6）检查行走机械手与仓库单元中机械手手抓、仓库单元各库位是否有料块或其他物品，并清理。

（7）检查切削加工单元工作台是否有料块或其他物品，并清理。

（8）检查多工位装配单元工作台是否有料块或其他物品，并清理。

2．开机过程（演示 PLC 程序）

如果已按照演示样题完成各模块之间的导线插接和通信线连接，并将相关控制程序下载到相应的 PLC 模块，即可进行该设备的开机操作，开机前，应仔细检查各急停开关是否在正常位置，闭合电源模块上的空气开关，注意动作有无异常，如有异常，应立即按下急停开关断电。

按下启动按钮，设备按演示工序逐一动作，完成整套工序后设备停止运行。再次启动，需再次按下启动按钮（演示程序见项目九任务一）。

3．关机过程

检查系统的工序是否完成，检查各传输带上是否有料块或其他物品，如有料块需等待系统取走。

（1）按下停止按钮，关闭触摸屏电源，断开电源模块空气开关。

（2）断开空气压缩机的电源，关闭气源阀门。

（3）盖上防尘罩，使用完毕。

项目一

井式供料单元实操训练

实训内容

1. 用 PLC 实现按钮对电磁阀的控制。

2. 用 PLC 实现货物有无检测和报警控制。

实训目标

1. 掌握 S7 – 200 PLC 的基本编程方法。

2. 掌握气动元件的使用和调节方法。

3. 掌握简单气动回路的原理及调试方法。

4. 掌握传感器的使用方法。

实训设备（见表1—1）

表1—1　　　　　　　　井式供料单元实操训练所需部件清单

序号	名称	数量
1	TVT – METSA – T 设备主体	一套
2	井式供料单元	一套
3	S7 – 200 PLC 模块	一块
4	S7 – 200 编程电缆	一根
5	连接导线	若干
6	25 针数据线	一根

任务一　用 PLC 实现按钮对电磁阀的控制

【任务描述】

利用井式供料单元、S7 – 200 PLC 模块完成下述控制要求：初始状态下，气缸处于缩回状态，按下启动按钮 SB1，电磁阀 YV1 接通并保持，送料气缸推出工件。按下停止按钮 SB2，电磁阀 YV 断电，气缸缩回。

【任务分析】

本任务是典型的关于 PLC 基本启—保—停电路控制的题目，使用前，应了解相关气动装置、气缸、电磁阀，并能对限流阀进行简单调节，以保证设备运行平稳；同时，应具有一定的西门子 PLC 编程软件的使用及整机调试经验，以便较好地完成本任务。

【相关知识】

一、气体传动知识

气压传动以压缩气体为工作介质，将压缩气体经由管道和控制阀输送给气动执行元件，从而把压缩气体的压力能转换为机械能。气压传动通常由气源、气动执行元件、气动控制阀和气动辅件组成。

1. 气源的组成

气源包括空气压缩机和气动三联件，如图 1—1—1 所示。

11

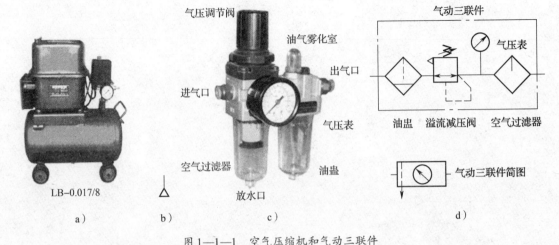

图 1—1—1　空气压缩机和气动三联件

a) 空气压缩机　b) 气源气路图符号　c) 气动三联件　d) 气动三联件气路图符号

空气压缩机为气动系统提供压缩空气，其相关参数规定：带储气罐的空气压缩机气压大于 0.5 MPa，流量大于 0.5 m³/min。

气动三联件是多数气动系统中不可缺少的气源装置，安装在用气设备附近，是过滤压缩空气中颗粒杂质和水分的最后保证。气动三联件的安装顺序依进气方向分别为空气过滤器、溢流减压阀和油雾器。空气过滤器和减压阀组合在一起可以称为气动二联件。当有些场合不需要压缩空气中存在油雾时，则需要使用油雾分离器将压缩空气中的油雾过滤掉。

2．电磁换向阀

在气动回路中，电磁换向阀的作用是通过控制气流通道的通、断改变压缩空气的流动方向。其主要工作原理是利用电磁线圈产生的电磁力的作用推动阀芯切换，实现气流的换向。

电磁换向阀按工作原理不同分为单电控阀（简称单控阀）和双电控阀（简称双控阀）。

下面介绍单电控二位三通电磁阀的动作过程（工作原理）。如图 1—1—2 所示，当电磁线圈通电时，静铁芯对动铁芯产生电磁吸力，利用电磁力使阀芯切换，以改变气流方向，当控制信号消失时，靠电磁阀内部的弹簧复位。

3．双作用气缸——双向缓冲气缸

引导活塞在缸内进行直线往复运动的圆筒形金属机件称为气缸。能完成直线运动的气缸包括单作用气缸和双作用气缸，如图 1—1—3 所示为双作用气缸工作原理。通过活塞的前进和后退带动气缸杆的伸出与缩回，从而将压缩空气的压力能转换为气缸杆的机械能。设备中的双作用气缸如图 1—1—4 所示。

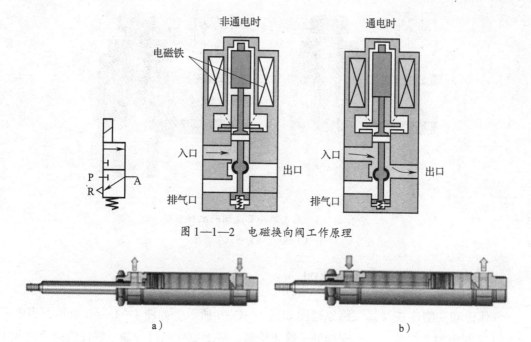

图1—1—2 电磁换向阀工作原理

图1—1—3 双作用气缸工作原理

a）活塞前进 b）活塞后退

图1—1—4 设备中的双作用气缸

a）实物图 b）气路图符号

4．排气节流阀

单向节流阀属于流量控制阀的一种，单向节流阀是由单向阀和节流阀并联而成的流量控制阀，常用于控制气缸的运动速度，故常称为速度控制阀。

根据单向节流阀工作原理的不同，通常将其分为两种，如图1—1—5所示，一种是进气节流阀，另一种是排气节流阀。通过调整节流阀上的旋钮，可以调节进气量和出气量的大小，从而控制气缸伸出、缩回动作的快慢。调节时，应使气缸的推出和缩回均平滑、稳定。

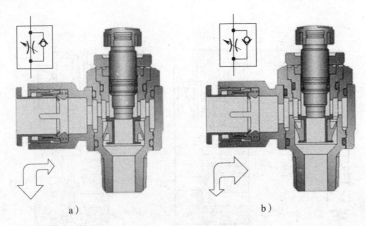

图1—1—5 常用单向节流阀的工作原理

a) 排气节流阀 b) 进气节流阀

二、气动系统识别——气路图

气体传动实物连接及其气路原理图如图1—1—6所示。如图1—1—6b所示，当电磁阀YV1不得电时，二位五通换向阀处于静止位置，压缩空气通过气动三联件流向换向阀P端口至B端口，从B端口出来的压缩空气经过节流阀使气缸向左运动，即气缸缩回，同时，气缸左侧气体经左侧节流阀流向A端口并从R端口（快速排气口）排出；当电磁阀YV1得电时，二位五通换向阀动作，压缩空气通过气动三联件流向换向阀P端口至A端口，从A端口出来的压缩空气经过节流阀使气缸向右运动，即气缸伸出，同时，气缸右侧气体经右侧节流阀流向B端口并从S端口（快速排气口）排出。

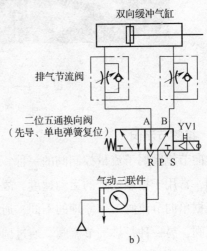

图1—1—6 气体传动实物连接及其气路原理图

a) 气路实物连接 b) 气路原理图

注意事项：

　　气动系统中的快速接头为连接气路提供了方便，在进行操作时切勿生拉硬拽，需要先按住接头处的圆形法兰，然后再拉出气管。这样可以省去很多力气。

三、位逻辑指令

位逻辑指令主要用来完成基本的位逻辑运算及控制。

1．LD、LDN 和 =（Out）指令

（1）指令功能

1）LD（Load）：逻辑取指令，在梯形图中每一个网络块与左母线相连的第一个常开触点。

2）LDN（Load Not）：逻辑取反指令，在梯形图中每一个网络块与左母线相连的第一个常闭触点。

3）=（Out）：线圈驱动指令（装载指令、等于指令）。

（2）编程举例

逻辑取和线圈驱动指令的梯形图示例如图 1—1—7 所示。

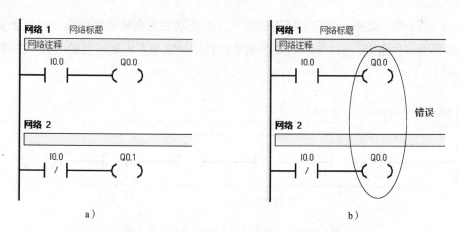

图 1—1—7　逻辑取和线圈驱动指令的梯形图示例

a）一个输入信号控制两个输出信号　b）在一组程序中不允许出现相同编号的输出指令

（3）使用注意事项

1）LD、LDN 指令不只用于网络块与左母线相连的第一个常开触点和常闭触点，在分支电路块的开始也要使用 LD、LDN 指令。

2）=指令不能用于输入继电器。

3) ＝指令可连续使用任意次。

4）在同一程序中不要使用双线圈输出，即同一元件在同一程序中只使用一次＝指令。

5）LD、LDN 指令的操作数为 I、Q、M、SM、T、C、V、S、L。

2．触点串联指令：与指令、与反指令

（1）指令功能

A：与指令，梯形图中用于与单个常开触点的串联连接。

AN：与反指令，梯形图中用于与单个常闭触点的串联连接。

（2）编程举例

触点串联指令的梯形图示例如图 1—1—8 所示。

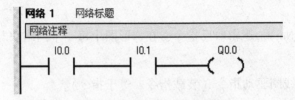

图 1—1—8　触点串联指令的梯形图示例

（3）使用注意事项

1）A、AN 指令是单个触点串联连接指令，可连续使用在梯形图编程中，由于受打印宽度和屏幕显示的限制，S7 - 200 PLC 的编程软件中规定最多串联触点的个数不得超过 11 个，如图 1—1—9 所示。

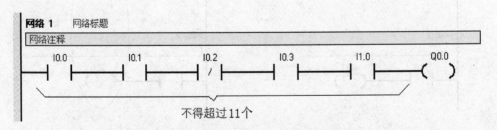

图 1—1—9　触点串联指令的使用注意事项

2）A、AN 指令的操作数为 I、Q、M、SM、T、C、V、S、L。

3．触点并联指令：或指令、或反指令

（1）指令功能

O：或指令，梯形图中用于与单个常开触点的并联连接。

ON：或反指令，梯形图中用于与单个常闭触点的并联连接。

（2）编程举例

触点并联指令的梯形图示例如图1—1—10所示。

（3）使用注意事项

1）单个触点的O、ON指令可连续使用。

2）O、ON指令的操作数为I、Q、M、SM、T、C、V、S。

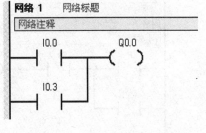

图1—1—10　触点并联指令的梯形图示例

【任务实施】

1. 依据控制要求写出输入/输出分配表（I/O分配表），见表1—1—1。

表1—1—1　　　　　　　　　项目一任务一I/O分配表

序号	PLC地址	设备接线	注释	符号
1	I0.0	SB1	启动按钮	SB_1
2	I0.1	SB2	停止按钮	SB_2
3	Q0.0	控制-1	电磁阀YV1	YV1

2. 依据I/O分配表进行设备导线连接，S7-200 CPU226-CN晶体管输出型外部接线图如图1—1—11所示。

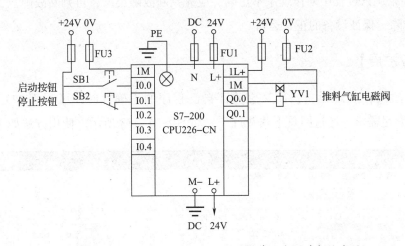

图1—1—11　S7-200 CPU226-CN晶体管输出型外部接线图

3. 设计梯形图程序，如图1—1—12所示。

4. 程序下载及设备调试

（1）将编译无误的控制程序下载至PLC中，并将PLC模式选择开关拨至RUN状态。

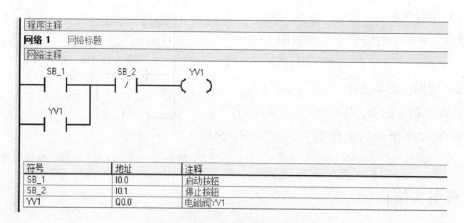

图1—1—12　PLC编程梯形图示例

（2）井式供料单元所使用的电磁阀为单电控电磁阀，使用电磁阀前可以通过按动电磁阀上的手动按钮来检测电磁阀气路是否连接正确，同时观察气缸的运行情况。

（3）通过调节井式节流阀上的旋钮，可以调节进气量和出气量的大小，从而达到控制气缸推出速度快慢的目的，调节时，应使气缸的推出和缩回均平滑、稳定。

（4）气动部分调试完毕，井式供料气缸处于缩回位置时，按下按钮SB1则电磁阀YV1得电，井式供料气缸伸出，并保持；按下按钮SB2则电磁阀YV1失电，井式供料气缸缩回。

（5）如果调试过程中动作现象不正确，应先判断故障类型，再判断故障点，并对相关故障进行排除，保证设备的正常运行。

【任务扩展】

如果身边没有PLC设备，而又想验证自己程序的正确性时，可利用PLC仿真软件（非官方）满足需求。通过网页下载并打开，如图1—1—13所示。使用方法如下：

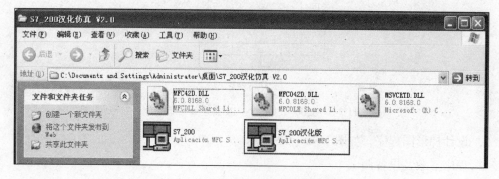

图1—1—13　西门子PLC仿真软件

1. S7 – 200 西门子仿真软件（非官方）无须安装，解压缩后双击 S7_200. exe 即可使用。

2. 仿真前先用 STEP7 – MicroWIN SP6 软件编写程序，编写完成后在菜单栏"文件"里点击"导出"，弹出一个"导出程序块"的对话框，选择存储路径，填写文件名，保存类型的扩展名为 awl 格式，然后点保存，如图 1—1—14 所示。

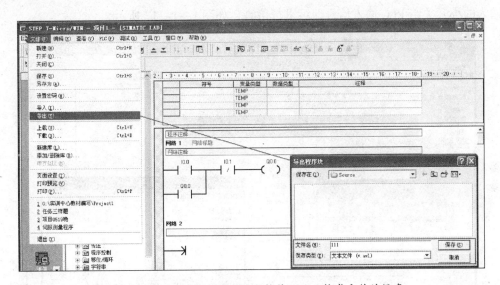

图 1—1—14　S7 – 200 PLC 编程软件 ∗. awl 格式文件的保存

3. 打开仿真软件，点击中间图标，然后输入密码"6596"，如图 1—1—15 所示。双击 PLC 面板选择 CPU 型号，点击菜单栏的"程序"，点击"装载程序"，在弹出的"装载

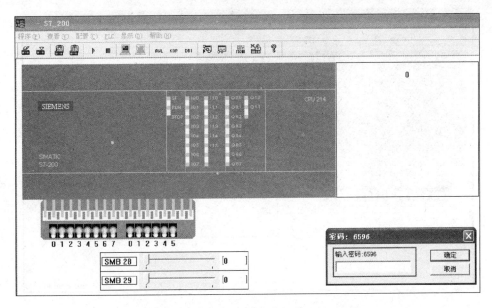

图 1—1—15　PLC 仿真软件操作示例（一）

程序"对话框中选择要装载的程序部分和 STEP7 – MicroWIN SP6 的版本号,一般情况下选"全部"即可,然后点击"确定",找到 awl 文件的路径"打开"导出的程序,在弹出的对话框中点击"确定",如图 1—1—16 所示。然后再点那个绿色的三角运行按钮让 PLC 进入运行状态,再点击第二排倒数第五个按钮对梯形图程序进行监控,最后点击下面那一排输入的小开关给 PLC 输入信号即可进行仿真,如图 1—1—17 所示。

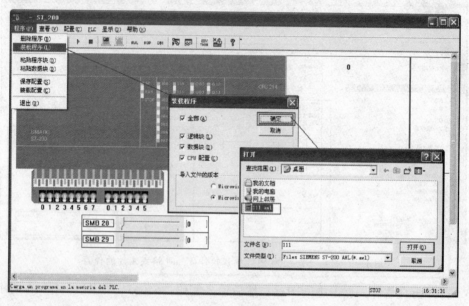

图 1—1—16 PLC 仿真软件操作示例(二)

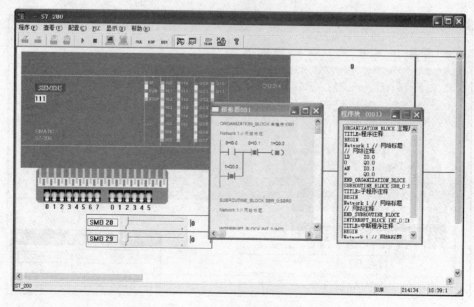

图 1—1—17 PLC 仿真软件操作示例(三)

【任务评价】（见表 1—1—2）

表 1—1—2　　　　　　　用 PLC 实现按钮对电磁阀的控制任务评价表

班级：＿＿＿＿＿姓名：＿＿＿＿＿学号：＿＿＿＿＿成绩：＿＿＿＿＿

序号	课题内容	考核要求	配分	评分标准	扣分	得分
1	I/O 分配及 PLC 导线插接	I/O 分配表正确 接线正确	30	分配表每错一处扣 5 分 导线插接每错一处扣 5 分		
2	气路调试	气缸平滑、稳定运行 电磁阀得电、失电正确	40	气缸不伸出，扣 5 分 气缸动作缓慢或过快，每次扣 5 分		
3	PLC 编程调试成功	操作步骤正确 程序编制实现功能	20	操作步骤错一处扣 5 分 显示运行不正常每台扣 5 分		
4	安全文明生产	按国家颁布的安全生产法规或企业规定考核	10	违反安全文明生产规程扣 5~10分		

学生任务实施过程的小结及反馈：

教师点评：

任务二　用 PLC 实现货物有无检测和报警控制

【任务描述】

利用井式供料单元、S7 - 200 PLC 模块完成下述控制要求：在初始状态下，推料气缸处于缩回状态，按下启动按钮，设备进入运行状态，当发现料井内存有物料时，推料气缸伸出，完成推料动作后推料气缸缩回；当料井内无物料时，红色指示灯延迟 6 s 点亮实现报警,当按下停止按钮后报警状态解除。如需系统继续运转,则需重新按下启动按钮。

井式供料单元的结构如图1—2—1所示。

【任务分析】

井式供料单元能为传送带传送与检测单元提供连续的物料,本任务是利用传感器对物料的有/无状态以及推料气缸伸出/缩回状态进行检测,并为 PLC 提供相应的输入信号,通过编写 PLC 程序,并将程序下载运行后,便可用 PLC 实现货物有无检测和报警控制。

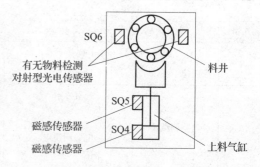

图1—2—1 井式供料单元的结构

掌握传感器的使用、安装、调试知识,可以为 PLC 程序的编写及设备的调试提供较好的帮助。

【相关知识】

一、输入设备——传感器简介

传感器是感知被测量(多为非电量)并将其转换为电量的一种器件或装置。

传感器通常由敏感元件、传感元件和测量转换电路组成,如图1—2—2所示。其中,敏感元件是指传感器中能直接感受被测量的部分,传感元件是指传感器中能将敏感元件的输出转换为适于传输和测量的电参量部分。传感器输出信号一般都很微弱,需要有信号调节与转换电路将其放大或转换为容易传输、处理、记录和显示的形式,这部分称为测量转换电路。

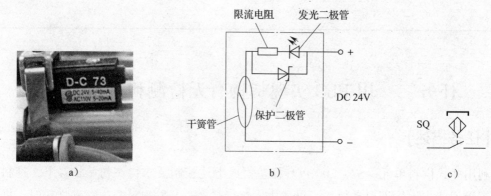

图1—2—2 磁性传感器

a)实物图 b)内部结构及外部接线图 c)电气图形及文字符号

二、本任务所涉及传感器的作用及调试

1. 磁性传感器

SQ4、SQ5 为磁性传感器，用于检测上料气缸的位置（型号为 D－C73）。

（1）在设备中的作用。用于推料气缸的原位（SQ4）及限位（SQ5）信号检测，如图 1—2—2 所示。

（2）磁性传感器的调试。磁性传感器在推料气缸上的安装位置如图 1—2—3 所示。先将推料气缸活塞置于原位位置，调整 SQ4 的位置，使其输出指示灯点亮。操作推料气缸电磁阀的手动控制按钮，将推料气缸置于限位位置，调整 SQ5 的位置，使其输出指示灯点亮。最后松开推料气缸电磁阀的手动控制按钮，使推料气缸回到原位位置。如果磁性传感器不能正常限位时，应移动磁性开关的位置，使其正常工作。

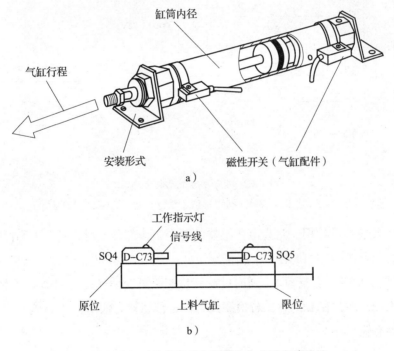

图 1—2—3　磁性传感器在推料气缸上的安装位置

注意：

在安装传感器时应注意工作电流和极性，不要将磁性传感器直接接到 24 V 电源上，以免烧毁。

2．光电传感器

SQ6 为光电传感器（型号：对射型，CX－411）。

（1）在设备中的作用。检测料井内有无物料，如图1—2—4所示。

a）

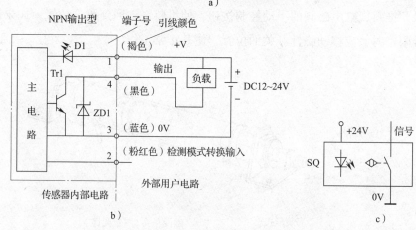

b） c）

图1—2—4　对射型光电传感器

a）实物图　b）内部结构及外部接线图　c）电气图形及文字符号

（2）光电传感器的使用。将光电传感器的两个工作部分成对放置，中间的空隙为检测工件或物料的位置，CX－411有两个调整旋钮，一个用来调节检测距离，顺时针旋转检测距离变大（即向MAX一侧转动），逆时针旋转检测距离变小（即向MIN一侧转动）；另一个用来调整工作状态，在L侧时，若检测到物体，传感器有输出，在D侧时，若检测不到物体，传感器有输出。

提示：

　　在调整光电传感器时，可以通过指示灯的状态判断是否调整成功。如图1—2—5所示，需要将工作转换开关调整到L侧，然后将工件放进井式供料塔内，调节灵敏度调节器（调节检测距离），使其在放进工件后有信号输出（红色指示灯亮），取走工件后无输出（红色指示灯灭）。

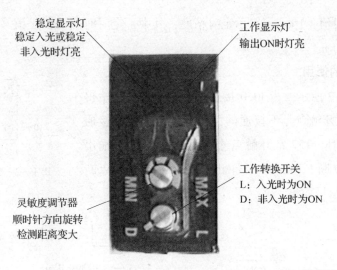

稳定显示灯
稳定入光或稳定
非入光时灯亮

工作显示灯
输出ON时灯亮

工作转换开关
L：入光时为ON
D：非入光时为ON

灵敏度调节器
顺时针方向旋转
检测距离变大

图1—2—5　调整方法示意图

三、定时指令应用

本任务要求红色指示灯延迟6 s点亮实现报警，所以需要对时间进行控制，在S7 - 200指令中，定时器指令能很好地满足本任务的需求。

S7 - 200 PLC的定时器有三种类型，即接通延时定时器（TON）、有记忆接通延时定时器（TONR）、断开延时定时器（TOF）。

定时器定时精度（时基）有1 ms、10 ms、100 ms三种。定时器的分辨率由定时器编号决定，见表1—2—1。

表1—2—1　　　　　　　　　　定时器类型、编号与分辨率

定时器类型	定时器编号	精度等级/ms	最大当前值/s
TON	T32，T96	1	32.767
TOF	T33～T36，T97～T100	10	327.67
	T37～T63，T101～T225	100	3 276.7
TONR	T0，T64	1	32.767
	T1～T4，T65～T68	10	327.67
	T5～T31，T69～T95	100	3 276.7

下面以常用接通延时定时器为例进行介绍：

1．定时器各部位的含义

如图1—2—6所示，T37表示定时器的编号，TON表示接通延时型，IN表示使能输

入，PT 表示预设值，100 ms 表示定时精度，其中，定时时间 = 预设值（PT）×定时精度（示例为 10×100 ms = 1 s）。

2．定时器的使用

如图 1—2—7 所示，当 I0.0 接通时，T37 线圈开始得电，但 T37 的常开触点是不接通的，只有当 T37 线圈接通时间在 1 s 以上时，T37 常开触点才会闭合，Q0.0 有输出信号；而当 I0.0 断开时，T37 线圈断电，T37 常开触点断开，则 Q0.0 无信号输出。

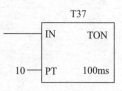

图 1—2—6　定时器 T37
梯形图示例

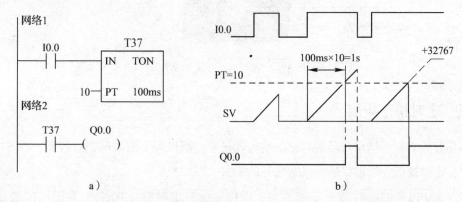

图 1—2—7　定时器在梯形图中的使用及其时序图示例

【任务实施】

1．依据控制要求写出输入/输出分配表（I/O 分配表），见表 1—2—2。

表 1—2—2　　　　　　　　　项目一任务二 I/O 分配表

序号	PLC 地址	设备接线	注释	符号
1	I0.0	SB1	启动按钮	SB_1
2	I0.1	SB2	停止按钮	SB_2
3	I0.2	检测－1	磁感传感器（后）	SQ4
4	I0.3	检测－2	磁感传感器（前）	SQ5
5	I0.4	检测－3	料块检测传感器	SQ6
6	Q0.0	控制－1	电磁阀 YV1	YV1
7	Q0.1	HL2－1	红色指示灯	HL2

2. 依据 I/O 分配表进行设备导线连接，如图 1—2--8 所示。

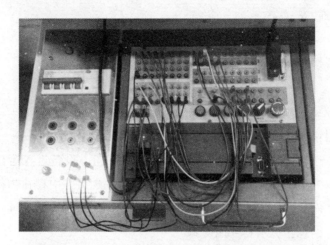

图 1—2—8　项目一任务二 PLC 输入/输出实物接线图

3. 设计梯形图程序，参考程序见附录五。

4. 程序下载及设备调试

（1）将编译无误的控制程序下载至 PLC 中，并将模式选择开关拨至 RUN 状态。

（2）调节气动三联件，将气压调节到设备使用要求，避免因气压过低造成气缸运行不稳定，或无法将货物推出。

（3）调试磁性开关，使磁性开关的位置满足检测气缸活塞位置需求，控制 SQ5 的位置，使气缸满足推出距离的要求，控制 SQ4 的位置可以检测气缸是否处于回位状态。如果在调试磁性开关时其指示灯不亮，而信号可以传到 PLC，则可能的故障原因是磁性开关的两根线被接错。

（4）工件有无检测传感器有两个调节按钮，在使用时要区分清楚，应调整为当工件挡住传感器时传感器有信号输出，PLC 输入 I0.4 接通；当井式供料机构内无工件时，传感器无输出，PLC 输入 I0.4 断开。

（5）调整系统的初始状态，使其符合项目要求，若气缸的初始状态不对，也会对程序的最终调试有影响。

（6）注意指示灯的接线，可在使用前先对指示灯进行测试，判断指示灯是否可以正常工作。需要注意，当系统没有启动时，如果井式供料单元没有工作，那么报警指示灯并不闪烁。

（7）在调试时，按下启动按钮，电磁阀 YV 未闭合，可能的故障有以下原因，需在调试中加以解决：

1）SB1 信号未到达 PLC。

2）SB2 接线错误（接了闭点）。

3）SQ1 未接通。

4）SQ2 接通。

5）PLC 输出故障。

【任务扩展】

试用井式供料单元、S7－200 PLC 模块完成下述控制要求：

初始状态下，送料气缸处于缩回状态，按下启动按钮，设备进入运行状态，绿色指示灯闪烁，提示料井内无料（绿灯闪烁周期为 1 s）。当发现料井内存在物料时，绿色指示灯变为常亮，延时 2 s 后，推料气缸伸出，完成推料动作后送料气缸缩回，若此时料井内无料，则绿色指示灯闪烁，提示料井内无料。

【任务评价】（见表 1—2—3）

表 1—2—3　　　　　用 PLC 实现货物有无检测和报警控制任务评价表

班级：_____ 姓名：_____ 学号：_____ 成绩：_____

序号	课题内容	考核要求	配分	评分标准	扣分	得分
1	I/O 分配及 PLC 导线插接	I/O 分配表正确 接线正确	30	分配表每错一处扣 5 分 导线插接每错一处扣 5 分		
2	气路调试	气缸平滑、稳定运行 电磁阀得电、失电正确	40	气缸不伸出，扣 5 分 气缸动作缓慢或过快，每次扣 5 分		
3	PLC 编程调试成功	操作步骤正确 程序编制实现功能	20	操作步骤错一处扣 5 分 显示运行不正常每台扣 5 分		
4	安全文明生产	按国家颁布的安全生产法规或企业规定考核	10	违反安全文明生产规程扣 5～10分		

学生任务实施过程的小结及反馈：

教师点评：

项目二

变频器模块实操训练

实训内容

1. 西门子 G120 变频器基本操作。

2. 用 PLC 控制变频器完成对电动机正反转的控制。

3. 用 PLC 控制变频器完成对电动机多段速的控制。

实训目标

1. 了解变频器的工作原理及其应用。

2. 掌握西门子 G120 变频器的操作方法。

3. 学会用变频器面板和端子控制电动机的运行。

4. 掌握用变频器手册查找参数的方法。

5. 掌握用 PLC 控制变频器实现电动机正反转和多段速的控制过程。

实训设备（见表 2—1）

表 2—1　　　　　　变频器模块实操训练所需部件清单

序号	名称	数量
1	TVT – METSA – T 设备主体	一套
2	传送带传送与检测单元	一套
3	西门子 G120 变频器模块	一块
4	S7 – 200 PLC 模块	一块
5	S7 – 200 编程电缆	一根
6	连接导线	若干

任务一　西门子 G120 变频器基本操作

【任务描述】

学习变频器的工作原理及应用，对西门子 G120 变频器进行简单参数设置后，实现操作面板控制传送带运行的快慢和方向的变化，并能够完成变频器的点动控制功能。

【任务分析】

本任务要求掌握西门子变频器的基本使用及参数查找方法，那么学会变频器基础知识和变频器实物操作方法对完成本任务能提供较好的帮助。

【相关知识】

一、变频器

1. 变频器的概念

变频器（Variable - frequency Drive，VFD）是应用变频技术与微电子技术，通过改变电动机工作电源频率的方式来控制交流电动机的电力控制设备。变频器主要由整流（交流变直流）单元、滤波单元、逆变（直流变交流）单元、制动单元、驱动单元、检测单元、微处理单元等组成。变频器靠内部 IGBT 的开断来调整输出电源的电压和频率，根据电动机的实际需要来提供其所需要的电源电压，进而达到节能、调速的目的。另外，变频器还有很多保护功能，如过流、过压、过载等保护功能。

2．变频器的工作原理

交流异步电动机的转速表达式为：

$$n = 60f(1 - s)/p$$

式中　n——异步电动机的转速，r/min；

　　　f——电动机的电源频率，Hz；

　　　s——电动机转差率；

　　　p——电动机极对数。

由公式可知，电动机的输出转速与输入的电源频率、转差率、电动机的极对数有关系，因而交流电动机的直接调速方式主要有变极调速（调整 p）、转子串电阻调速（调整 s）和变频调速（调整 f）等。

现在运用最广泛的就是变频调速，由于转速 n 与频率 f 成正比，只要改变频率 f 即可改变电动机的转速，当频率 f 在 $0 \sim 50$ Hz 的范围内变化时，电动机转速调节范围非常宽。变频器就是通过改变电动机电源频率实现速度调节的，这是一种理想的高效率、高性能的调速手段。

3．变频器的典型应用

随着工业自动化程度的不断提高，变频器也得到了非常广泛的应用。

（1）空调负载类。写字楼、商场和一些超市、厂房都有中央空调，在夏季的用电高峰，空调的用电量很大。在炎热天气，北京、上海、深圳空调的用电量均占峰电 40% 以上。因而用变频装置，拖动空调系统的冷冻泵、冷水泵、风机是一项非常好的节电技术。目前，全国出现不少专做空调节电的公司，其中主要技术是变频调速节电。

（2）泵类负载。泵类负载量大、面广，包括水泵、油泵、化工泵、泥浆泵、沙泵等。许多自来水公司的水泵、化工与化肥行业的化工泵和往复泵、有色金属等行业的泥浆泵等均采用变频调速，产生非常好的效果。

（3）电梯高架游览车类负载。由于电梯是载人工具，要求拖动系统高度可靠，又要频繁地加减速和正反转，电梯动态特性和可靠性的提高增加了电梯乘坐的安全感、舒适感和效率。过去电梯调速直流居多，近几年，日本和德国逐渐转为交流电动机变频调速。我国不少电梯厂都争先恐后地用变频调速来装备电梯。如上海三菱、广州日立、青岛富士、天津奥的斯等均采用交流变频调速，不少原来生产的电梯也进行了变频改造。

二、西门子 G120 变频器介绍

本任务所使用的是西门子 G120 变频器，其外形如图 2—1—1 所示。这款变频器具有紧凑的尺寸，调试便捷、快速，简单的面板操作以及丰富的集成功能等优点。

图 2—1—1　变频器的外形

1. 变频器面板按键功能

操作面板的功能键及其功能见表 2—1—1。

表 2—1—1　　　　　　　　　　操作面板的功能键及其功能

序号	功能键	功能	用途说明
1	`r0000`	状态 LED	显示参数标号、数值和测量物理单位
2	P	参数访问	用于访问参数和参数确认
3	▲	增加显示的值	该键可以在参数表中向后翻
4	▼	减小显示的值	该键可以在参数表中向前翻
5	FN	功能键	随着所显示的内功不同，该键的功能不同 如果在显示参数号时短时间按一下该键，则将回到参数表的初始位置 r0000 如果当前显示的是一个参数值，轻按一下该键，则光标将跳到下一个位置（如是多位数字时）。这样就可以按照位来修改十进制数字了 如果当前显示为故障或者报警信息，轻按一下该键，则会对该信息进行确认
6	Ⅰ	启动电动机	通过操作面板启动电动机
7	◎	停止电动机	通过操作面板停止电动机
8	⌒	改变电动机方向	在操作面板控制下按下此键，电动机反向运转
9	JOG	点动模式	以点动方式运行电动机。只要按下该键（按住），电动机就会按照预设的点动速度运行

2. 通过操作面板进行参数修改

（1）修改参数 P003——参数访问级，如图 2—1—2 所示。

步骤		显示结果
1	按 P 键进入参数访问	r0000
2	按 ▲ 键直到显示 P0003	P0003
3	按 P 键进入参数值显示	1
4	按 ▲ 或 ▼ 键设定所需的值（本例设置为3）	3
5	按 P 键确认并保存该值	P0003
6	设置完成后，用户可以访问所有的 1 到 3 级参数。	r0000

图 2—1—2　修改参数 P003

（2）修改带有下标的参数 P0700，设置为操作面板控制，如图 2—1—3 所示。

步骤		显示结果
1	按 P 键进入参数访问	r0000
2	按 ▲ 键直到显示参数 P0700	P0700
3	按 P 键进入参数下标选择	in000
4	按 ▲ 或 ▼ 键选择下标	in001
5	按 P 键显示该下标参数中的值	0
6	按 ▲ 或 ▼ 键设置所需的值	11
7	按 P 键确认并保存该值	P0700
8	按 ▼ 键直到显示 r0000	r0000
9	按 P 键返回到变频器的标准显示（按照用户所设置的显示设定）	

图 2—1—3　修改参数 P0700

3. 西门子 G120 变频器常用参数见表 2—1—2。

表 2—1—2　　　　　　　　　西门子 G120 变频器常用参数

序号	参数代号	参数意义	参数组别	设置值	设置值说明
变频器恢复出厂值					
1	P0010	快速调试	常用	30	调出出厂设置参数 1 = 快速调试，0 = 运行设备
2	P0970	工厂复位	参数复位	1	恢复出厂值（回复缺省）
变频器参数访问等级					
3	P0003	参数访问级	常用	3	
变频器关于电动机参数设置（可根据具体需要设定）					
4	P0300	电动机类型		2	1 = 异步电动机，2 = 同步电动机
5	P0304	额定电动机电压		380 V	

续表

序号	参数代号	参数意义	参数组别	设置值	设置值说明
6	P0305	额定电动机电流		0.15 A	
7	P0307	额定电动机功率		60 W	
8	P0310	额定电动机频率		50 Hz	
9	P0311	额定电动机转速		60 r/min	
变频器控制方式选择					
10	P0700	选择命令源	命令	1	1 = 由键盘输入，2 = 由端子排输入
变频器选择频率设定值的信号源					
11	P1000	选择频率设定值	设定值	1	MOP 设定
变频器速度上升、下降时间设置					
12	P1120	斜坡上升时间	设定值	0.5 s	斜坡上升时间
13	P1121	斜坡下降时间	设定值	0.5 s	斜坡下降时间

4．变频器手册查询方法

（1）明确需要用变频器达到何种控制要求，在手册中找到所需的参数。

（2）查看手册中的参数，修改参数值，如用 BOP 面板控制则 P700 设置为 1，用端子排控制则 P700 设置为 2。P700 参数功能介绍见表 2—1—3。

表 2—1—3　　　　　　　　　　P700 参数功能介绍

p0700 [0...2]	**命令源的选择**		
CU240E			
CU240S	访问级别： 1	参数组： 命令	数据类型： Unsigned16
	快速调试：是	使能有效：确认	数据组： CDS
	修改限制： C(1), T	计算值： -	
	最小值 0	最大值 5	工厂设定 2
描述：	选择数字命令信号源。		
参数值：	0： 工厂的缺省设置		
	1： BOP 操作面板		
	2： 由端子控制		
	4： 来自RS232 的USS		
	5： 来自RS485 的USS		

（3）将找到的参数输入变频器中进行调试，查看现象是否正确，如有错误，对照手册继续修改，直至调试成功。

【任务实施】

用西门子变频器面板控制电动机的启动和停止。

1. 完成变频器与电源模块和电动机的接线，如图 2—1—4 所示。

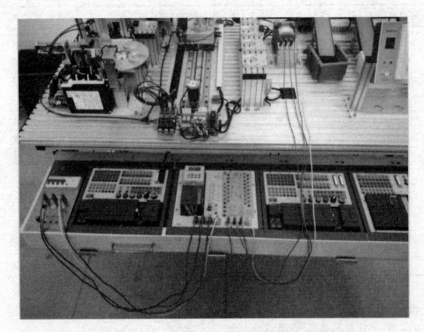

图 2—1—4　变频器与电源模块和电动机的接线

2. 找出解决问题的变频器参数，参考参数见表 2—1—4。

表 2—1—4　　　　　　　　　　项目二任务一变频器参数设置

序号	参数代号	参数意义	设置值	设置值说明
1	P0010	快速调试	30	调出出厂设置参数 1 = 快速调试，0 = 运行设备
2	P0970	工厂复位	1	恢复出厂值（回复缺省）
3	P0003	参数访问级	2	扩展级
4	P0700	选择命令源	1	1 = 由面板输入，2 = 由端子排输入
5	P1000	选择频率设定值的信号源	1	1 = MOP 设定值

3. 变频器通电，按照步骤进行参数设置。

注意：

当修改参数值时操作面板有时会显示"BUSY"，这表明变频器当前正在处理另外一个更高级的任务。

4. 变频器运行与调试。按下变频器的"启动"键，传送带以 5 Hz 的频率向右运行，按"向上"键，则频率上升，电动机速度变快；按"向下"键，则频率下降，电动机速度变慢；按下"反转"键，传送带运行方向改变；按下"停止"键，变频器停止运行；按住"点动"键，变频器运行；松开"点动"键，变频器停止。

【知识扩展】

变频器的发展历史

变频技术的诞生背景是交流电动机无级调速的广泛需求。传统的直流调速技术因体积大、故障率高而应用受限。

20 世纪 60 年代后，电力电子器件普遍应用了晶闸管及其升级产品。但其调速性能远远无法满足需要。1968 年以丹佛斯为代表的高技术企业开始批量化生产变频器，开启了变频器工业化的新时代。

20 世纪 70 年代开始，脉宽调制变压变频（PWM - VVVF）调速的研究得到突破，20 世纪 80 年代后微处理器技术的完善使得各种优化算法很容易地实现。

20 世纪 80 年代中后期，美、日、德、英等发达国家的 VVVF 变频器技术实用化，商品投入市场，得到了广泛应用。最早的变频器可能是日本人买了英国的专利研制而成的。不过美国与德国凭借电子元件生产和电子技术的优势，其高端产品迅速抢占市场。

步入 21 世纪后，国产变频器逐步崛起，现已逐渐抢占高端市场。上海和深圳成为国产变频器发展的前沿阵地，涌现出了如汇川变频器、英威腾变频器、安邦信变频器等一批知名国产变频器。其中安邦信变频器成立于 1998 年，是我国最早生产变频器的厂家之一。十几年来，安邦信人以浑厚的文化底蕴作为基石，支撑着成长，企业较早通过 TUV 机构 ISO9000 质量体系认证，被授予"国家级高新技术企业"，多年被评为"中国变频器用户满意十大国内品牌"。

【任务评价】（见表 2—1—5）

表 2—1—5　　　　　　西门子 G120 变频器基本操作任务评价表

班级：＿＿＿＿＿　姓名：＿＿＿＿＿　学号：＿＿＿＿＿　成绩：＿＿＿＿＿

序号	课题内容	考核要求	配分	评分标准	扣分	得分
1	变频器接线	接线正确	20	导线插接每错一处扣 5 分		
2	变频器参数设置	参数设置准确，无多余参数设置	30	参数设置每错一处扣 5 分 设置多余参数每处扣 2 分		
3	变频器调试成功	能完成任务所描述的现象	40	显示运行不正常每次扣 10 分，不超过 3 次试车		

续表

序号	课题内容	考核要求	配分	评分标准	扣分	得分
4	安全文明生产	按国家颁布的安全生产法规或企业规定考核	10	违反安全文明生产规程扣5~10分		

学生任务实施过程的小结及反馈：

教师点评：

任务二　用 PLC 控制变频器完成对电动机正反转的控制

【任务描述】

利用变频器模块、PLC 模块完成电动机对传送带运行的控制。控制要求：接通变频器模块和 PLC 模块电源，按下启动按钮，传送带以 50 Hz 的频率运行，当将旋钮拨动时，传送带切换至与当前相反方向运行；按下停止按钮，则传送带停止运行。

【任务分析】

在上一任务中学习了利用变频器面板修改参数并对变频器频率进行控制，从而使传送带能在不同频率下运行。

本任务涉及对传送带正、反向运行的控制，需要用 PLC 对变频器的状态进行控制，那么变频器的控制方式不再是变频器面板控制，而是改用变频器端子控制。同时，正确查找相关参数并对其进行有效的设置，方能更好地完成本任务。

【相关知识】

一、变频器控制端口

如图 2—2—1 所示为变频器控制端口图，其中 AC 380 V 所指示的 L1、L2、L3 为变频器与三相交流电源接线端口，而 U、V、W 是与电动机相接的接线端口，AC 380 V 处 PE 与电源 PE 相接，输入处 PE 与电动机 PE 相接。

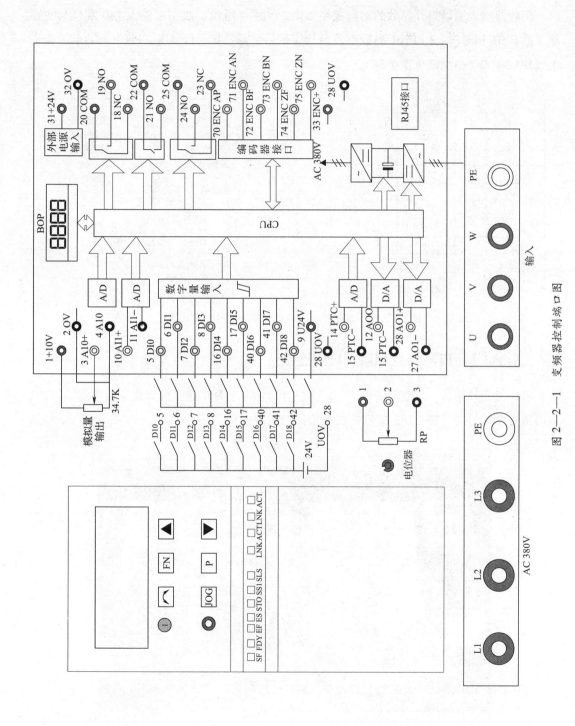

图 2—2—1 变频器控制端口图

其中，数字量输入部分为本项目中常用部分，学习时需掌握相关控制方法。

变频器输入端口与其参数的对应关系如图 2—2—2 所示，数字量输入 DI0 端口与变频器参数 P701 相对应，当 P701 参数更改至相应值后，需 DI0 端口得电，P701 的功能才能实现（DI1、DI2、…功能依次类推）。

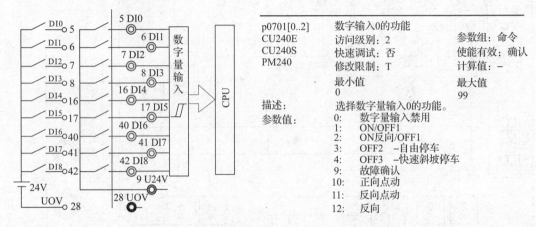

图 2—2—2 变频器输入端口与其参数的对应关系

二、西门子 PLC 与变频器端口的连接

PLC 与变频器端口的连接如图 2—2—3 所示，要求：DI0 端口负责变频器的启动，DI1 端口负责变频器的反转，DI2 端口负责变频器的频率设定。

图 2—2—3 PLC 与变频器端口的连接

【任务实施】

1. 依据西门子 PLC 与变频器端口的连接图完成导线插接，相关接线见【任务分析】。
2. 写出 I/O 分配表并编写 PLC 正反转控制程序，I/O 分配表见表 2—2—1。

表 2—2—1 项目二任务二 I/O 分配表

输入			输出		
设备接线	PLC 地址	注释	设备接线	PLC 地址	注释
SB_1	I0.0	启动按钮	DI1	Q0.0	变频器启动
SB_2	I0.1	停止按钮	DI2	Q0.1	变频器反转
SA	I0.2	旋钮开关	DI3	Q0.2	变频器 50 Hz

3. 设置西门子变频器参数，参见表 2—2—2。

表 2—2—2 项目二任务二变频器参数设置

序号	参数代号	参数意义	设置值	设置值说明
1	P0010	快速调试	30	调出出厂设置参数 1 = 快速调试，0 = 运行设备
2	P0970	工厂复位	1	恢复出厂值（回复缺省）
3	P0003	参数访问级	2	
4	P0700	选择命令源	2	1 = 由面板输入，2 = 由端子排输入
5	P0701	数字输入 0 的功能	1	1 = ON/OFF1
6	P0702	数字输入 1 的功能	12	12 = 反向
7	P0703	数字输入 2 的功能	15	15 = 固定频率选择位 0
8	P1000	选择频率设定值的信号源	3	3 = 固定频率
9	P1001	固定频率 1	50.0 Hz	
10	P1120	斜坡上升时间	0.5 s	缺省值：10 s
11	P1121	斜坡下降时间	0.5 s	缺省值：10 s

4. 进行程序设计，参考程序见附录五。将 PLC 程序输入 S7 – 200 PLC 软件并下载到 PLC 内。

5. PLC 与变频器的联动调试。PLC 模块和变频器上电后，按下启动按钮，则变频器显示 50 Hz，本任务 PLC 程序中旋钮开关用常开触点，左旋时 I0.2 常开触点不通，常闭触点保持接通状态，则变频器控制传送带反向运行；右旋时，I0.2 常开触点接通，常闭触点打开，则变频器控制传送带正向运行。当按下停止按钮时，变频器停止运行。

【任务扩展】

利用变频器模块、PLC 模块完成电动机对传送带运行的控制。

要求：接通变频器模块和 PLC 模块电源，按下启动按钮，传送带以 50 Hz 的频率运行 5 s 后停止，延时 2 s 后传送带再以 50 Hz 反转，4 s 后停止，再次按下启动按钮方可再次启动变频器。

【任务评价】（见表 2—2—3）

表 2—2—3　　　用 PLC 控制变频器完成对电动机正反转的控制任务评价表

班级：_____ 姓名：_____ 学号：_____ 成绩：_____

序号	课题内容	考核要求	配分	评分标准	扣分	得分
1	I/O 分配及 PLC 导线插接	I/O 分配表正确 接线正确	20	分配表每错一处扣 5 分 导线插接每错一处扣 5 分		
2	变频器参数查找及设置	变频器参数查找及设置准确	20	变频器参数不正确扣 2 分 不重复扣分		
3	PLC 与变频器联动调试	PLC 控制运行现象满足题意要求	50	PLC 程序编写逻辑不合理每处扣 2 分 试车一次不合格扣 10 分 试车不超过 3 次		
4	安全文明生产	按国家颁布的安全生产法规或企业规定考核	10	违反安全文明生产规程扣 5 ~ 10 分		

学生任务实施过程的小结及反馈：

教师点评：

任务三　用 PLC 控制变频器完成对电动机多段速的控制

【任务描述】

利用变频器模块、PLC 模块完成电动机八段速的控制。控制要求：按下启动按钮，传送带向右以 30 Hz 的频率运行，每过 5 s 便上升 5 Hz，当变频器上升到 50 Hz，运行 5 s 后，传送带向左以 15 Hz 运行，每过 5 s 便下降 5 Hz，当变频器下降到 5 Hz 时，运行 5 s 后，传送带停止运行。再次按下启动按钮，重复上述过程。

【任务分析】

由于工艺上的要求，很多生产机械在不同的阶段需要电动机在不同的转速下运行。针对这种负载，工业生产中多采用 PLC 与变频器的联机实现对电动机多段速的控制。其中 PLC 实现逻辑控制，变频器通过变频而控制电动机的速度。

由于西门子变频器内部具有若干自由功能块、固定频率设定功能及 BICO 功能，具有强大的可编辑性，因此，单独利用西门子变频器就可以直接实现多段速的控制。从而使整个控制系统接线简单、设备简化和投资减少。

本任务要求用 PLC 控制变频器完成传送带多段速的控制，PLC 程序可自编，也可以参考测试程序，而变频器的参数调整是本次学习的重点，需加以理解。

【相关知识】

一、变频器编码方式的选择

变频器编码参数 P1016 如图 2—3—1 所示，从图中可以看到，只有当 P1016 = 2（二进制编码选择）时才能对"固定频率选择位"进行二进制编码，从而驱动变频器显示不同的频率值，可以选择多达 16 个不同的固定频率，设置频率时从 P1001 ~ P1015 按需要进行设置。

二、变频器二进制编码设置

PLC 输出驱动变频器"固定频率选择位"完成二进制编码的设置

1. 明确变频器端口与 PLC 端口对应关系。

2. 在 P1016 设置为 2 时，可将 P703 ~ P706 设置为固定频率选择位模式，以便接收信号进行二进制编码。

p1001 [0...2]　　　**固定频率 1**

访问级别: 2	参数组: 设定值	数据类型: 32位浮点数
快速调试: 否	使能有效: 立即	数据组: DDS
修改限制: U, T	计算值: -	

| 最小值 | 最大值 | 工厂设定 |
| -650.00 [Hz] | 650.00 [Hz] | 0.00 [Hz] |

描述:　　确定固定频率设定值 1.

有两种不同的固定频率选择方式:

1.　直接选择(P1016 = 1):
　　- 在这种运行方式下,1个固定频率选择信号(P1020...P1023)选择1个固定频率。
　　- 如果几个输入同时有效,那么所选的固定频率将是他们的和。例如: FF1 + FF2 + FF3 + FF4。

2.　二进制编码选择(P1016 = 2):
　　- 采用这种选择方式可以选择多达16个 不同的固定频率值。
　　- 固定频率的选择是按照FP3210进行的。

p1016 [0...2]　　　**固定频率选择方式**

访问级别: 2	参数组: 设定值	数据类型: Unsigned16
快速调试: 否	使能有效: 确认	数据组: DDS
修改限制: T	计算值: -	

| 最小值 | 最大值 | 工厂设定 |
| 1 | 2 | 1 |

描述:　　固定频率的选择可以有两种方式,本参数用于这两种方式的选择。

参数P1016可以选择两种不同的方式。

参数值:
1:　　直接选择
2:　　二进制码选择

图 2—3—1　　变频器编码参数 P1016

3. 利用 P1001 ~ P1015 设置需要的参数,相关参考信息见表 2—3—1。

表 2—3—1　　　　　　变频器 P1001 ~ P1005 参数

名称	二进制编码				固定频率参数	设定频率
变频器接口	DI3 端口	DI2 端口	DI1 端口	DI0 端口		
PLC 地址	Q0.5	Q0.4	Q0.3	Q0.2		
变频器 P706 ~ P703 设置	18 固定频率 选择位 0	17 固定频率 选择位 1	16 固定频率 选择位 2	15 固定频率 选择位 3		
1 速	0	0	0	1	P1001	10 Hz
2 速	0	0	1	0	P1002	15 Hz
3 速	0	0	1	1	P1003	20 Hz
4 速	0	1	0	0	P1004	25 Hz
5 速	0	1	0	1	P1005	30 Hz
6 速	0	1	1	0	P1006	35 Hz
7 速	0	1	1	1	P1007	40 Hz

【任务实施】

1. 依据西门子 PLC 与变频器端口的连接图完成导线插接，如图 2—3—2 所示。

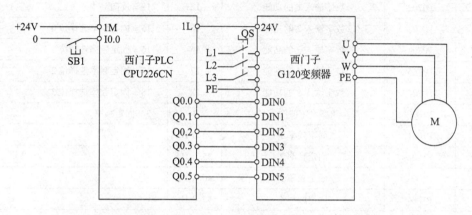

图 2—3—2　PLC 与变频器端口的连接图

2. 写出 I/O 分配表，见表 2—3—2。

表 2—3—2　　　　　　　　　　项目二任务三 I/O 分配表

输入			输出		
设备接线	PLC 地址	注释	设备接线	PLC 地址	注释
SB_1	I0.0	启动按钮	DI0	Q0.0	变频器启动
			DI1	Q0.1	变频器反转
			DI2	Q0.2	变频器输入1
			DI3	Q0.3	变频器输入2
			DI4	Q0.4	变频器输入3
			DI5	Q0.5	变频器输入4

3. 西门子 G120 变频器多段速控制参数的设置参见表 2—3—3。

表 2—3—3　　　　　　　　　用变频器实现多段速控制的参数设置

序号	参数代号	参数意义	设置值	设置值说明
1	P0010	快速调试	30	调出出厂设置参数 1 = 快速调试，0 = 运行设备
2	P0970	工厂复位	1	恢复出厂值（回复缺省）
3	P0003	参数访问级	2	
4	P0700	选择命令源	2	1 = 由面板输入，2 = 由端子排输入

序号	参数代号	参数意义	设置值	设置值说明
5	P0701	数字输入 0 的功能	1	1 = ON/OFF1
6	P0702	数字输入 1 的功能	12	12 = 反向
7	P0703	数字输入 2 的功能	15	15 = 固定频率选择位 0
8	P0704	数字输入 3 的功能	16	16 = 固定频率选择位 1
9	P0705	数字输入 4 的功能	17	17 = 固定频率选择位 2
10	P0706	数字输入 5 的功能	18	18 = 固定频率选择位 3
11	P1000	选择频率设定值的信号源	3	3 = 固定频率
12	P1001	固定频率 1	30.0 Hz	
13	P1002	固定频率 2	35.0 Hz	
14	P1003	固定频率 3	40.0 Hz	
15	P1004	固定频率 4	45.0 Hz	
16	P1005	固定频率 5	50.0 Hz	
17	P1006	固定频率 6	15.0 Hz	
18	P1007	固定频率 7	10.0 Hz	
19	P1008	固定频率 8	5.0 Hz	
20	P1016	频率选择方式	2	2 = 二进制码选择
21	P1120	斜坡上升时间	0.5 s	缺省值：10 s
22	P1121	斜坡下降时间	0.5 s	缺省值：10 s

4. 编写 PLC 八段速的控制程序，将编写好的程序进行下载，也可参考样题程序将其下载到 PLC 内，完成其对八段速控制的调试。参考程序见附录五。

5. 完成 PLC 与变频器的联动调试。PLC 模块和变频器通电后，按下相关按钮，先看变频器显示数值是否满足频率显示要求，再看传送带运行状态是否满足题意，具体现象应满足任务要求，此处不再过多介绍。

【任务扩展】

利用变频器模块、PLC 模块完成电动机八段速的控制。

要求：按下启动按钮，绿色指示灯闪烁，设备进入运行状态，此时有 5 s 的时间按下启动按钮，按一下对应速度 1，按两下对应速度 2，以此类推，不按则 5 s 后设备停止，绿色指示灯熄灭。5 s 后，根据按动次数决定传送带运行速度，此时绿色指示灯变为常亮，再次按下启动按钮无任何作用，速度 1：10 Hz；速度 2：20 Hz；速度 3：30 Hz；速度 4：40 Hz；速度 5：50 Hz；速度 6：−35 Hz；速度 7：−25 Hz；速度 8：−15 Hz。任何时候按下停止按钮，传送带立刻停止，绿色指示灯熄灭，设备停止。再次按下启动按钮，重复上述过程。

【任务评价】（见表2—3—4）

表2—3—4　　用PLC控制变频器完成对电动机多段速的控制任务评价表

班级：_____姓名：_____学号：_____成绩：_____

序号	课题内容	考核要求	配分	评分标准	扣分	得分
1	I/O 分配及 PLC 导线插接	I/O 分配表正确 接线正确	20	分配表每错一处扣5分 导线插接每错一处扣5分		
2	变频器参数查找及设置	变频器参数查找及设置准确	20	变频器参数不正确扣2分 不重复扣分		
3	PLC 与变频器联动调试	PLC 控制运行现象满足题意要求	50	PLC 程序编写逻辑不合理每处扣2分 试车一次不合格扣10分 试车不超过3次		
4	安全文明生产	按国家颁布的安全生产法规或企业规定考核	10	违反安全文明生产规程扣5~10分		

学生任务实施过程的小结及反馈：

教师点评：

项目三

传送带传送与检测单元实操训练

实训内容

1. 用 PLC 和光电传感器实现对工件的统计。

2. 用 PLC 和电感、电容、光纤传感器实现对工件的分拣。

实训目标

1. 掌握光电传感器、电容传感器、电感传感器、光纤传感器的用途、接线及调整方法。

2. 掌握西门子基本指令中计数器、上升沿、下降沿指令的应用。

3. 掌握中间继电器在程序编写中的应用。

实训设备（见表3—1）

表3—1　　　　　　传送带传送与检测单元实操训练所需部件清单

序号	名称	数量
1	TVT – METSA – T 设备主体	一套
2	传送带传送与检测单元	一套
3	西门子 G120 变频器模块	一块
4	S7 – 200 PLC 模块	一块
5	S7 – 200 编程电缆	一根
6	连接导线	若干
7	25 针数据线	一根

任务一　用 PLC 和光电传感器实现对工件的统计

【任务描述】

利用传送带传送与检测单元、S7 – 200 PLC 模块完成下述控制要求：

1. 初始状态，传送带停止运转，井式供料单元料井内无料。

2. 按下启动按钮，传送带以 50 Hz 向左高速运行，当人工将料块投向料井内时，推料气缸伸出，将料块推送至传送带上，推料气缸缩回，到达传送带左端光电传感器处，传送带停止。待人工将料块取走后，料井内如有料则继续推料。

3. 当人工取走三块料块后，井式供料单元不再推料，传送带停止运行。再次按下启动按钮，设备可再次按上述状态运行。

【任务分析】

本任务涉及项目一、项目二所学井式供料单元和变频器知识及料块数量统计知识，为完成好本任务，需要熟练掌握变频器的使用及传感器知识。

【相关知识】

一、传送带传送与检测单元介绍

传送带传送与检测单元由传送带传送模块、传感器检测模块、气缸分拣模块和滑槽模块组成。其中，传送带传送模块由同步轮和三相永磁低速同步电动机的轴连接在一起，变频器控制电动机，电动机带动传送带一起转动；检测部分由电感传感器、电容传感器和光纤传感器组成，可对工件的颜色、材质、进行检测；分拣部分由三个气缸、电磁阀和滑槽组成，可对不同颜色和材质的工件进行分拣。其结构布局如图 3—1—1a 所示，滑槽结构如图 3—1—1b 所示。

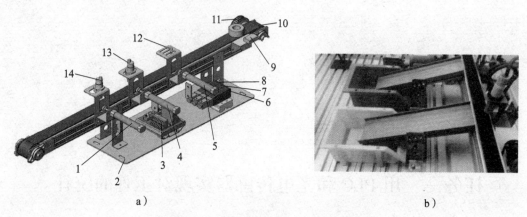

图 3—1—1　传送带传送与检测单元的组成

a）传送带传送与检测单元结构布局　b）滑槽结构

1—气缸（B - YV1）　2—底座　3—中继器 YF1301　4—气缸（B - YV2）　5—气缸（B - YV3）　6—电磁阀（B - YV1）

7—电磁阀（B - YV2）　8—电磁阀（B - YV3）　9—到位传感器 CX421（B - SQ1）　10—同步带

11—同步轮　12—光纤传感器 FX - 311（B - SQ4）　13—电感传感器（B - SQ3）　14—电容传感器（B - SQ2）

二、到位传感器（CX421 型）

1．CX421 型光电传感器的参数

CX421 型光电传感器的具体参数和传感器接线如图 3—1—2 所示。

2．CX421 型光电传感器的使用方法

在调整 CX421 型光电传感器时，可以通过指示灯的状态来判断是否调整成功。CX421 型光电传感器有两个调整旋钮，一个旋钮用来调节检测距离，顺时针旋转旋钮检测距离变大（即向 MAX 一侧转动），逆时针旋转旋钮检测距离变小（即向 MIN 一侧转动）；另一个旋钮用来调整工作状态，在 L 侧时，检测到物体传感器有输出，在 D 侧时，检测不到物体传感器有输出，其旋钮与指示灯各状态的含义如图 3—1—3 所示。

在运行例题程序前，应先将 CX421 型光电传感器的工作转换开关旋钮调到 L 侧，然后取一个工件，放到 CX421 型光电传感器的前面，调节灵敏度调节器（调节检测距离），使其在放进工件后有信号输出（红色指示灯亮），取走工件后无输出（红色指示等灭）。

● NPN输出型

a)

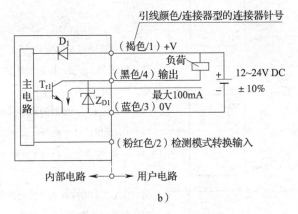

b)

图 3—1—2   CX421 型光电传感器

a) 实物图   b) 结构原理图

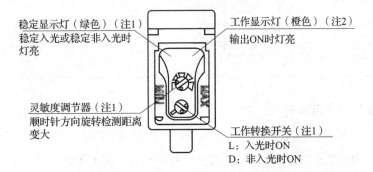

图 3—1—3   传感器指示灯与调节旋钮

注：1. 透过型传感器的投光器上没有装备。

2. 透过型传感器上是电源显示灯（绿色：接通电源时灯亮）。

三、计数器指令的应用

S7 – 200 系列 PLC 有三类计数器，分别是 CTU – 加计数器、CTUD – 加/减计数器、CTD – 减计数。

1. 指令格式

计数器指令格式见表3—1—1。

表3—1—1　　　　　　　　　　　　计数器指令格式

STL	LAD	指令使用说明
CTU　C×××, PV	???? CU　CTU R ????-PV	（1）在梯形图指令符号中，CU 为加计数脉冲输入端；CD 为减计数脉冲输入端；R 为加计数复位端；LD 为减计数复位端；PV 为预置值 （2）C××× 为计数器的编号，范围为 C0 ~ C255 （3）PV 预置值最大范围：32 767；PV 的数据类型：INT；PV 操作数为 VW、T、C、IW、QW、MW、SMW、AC、AIW、K （4）CTU/CTUD/CD 指令使用要点：STL 形式中 CU、CD、R、LD 的顺序不能错；CU、CD、R、LD 信号可为复杂逻辑关系
CTD　C×××, PV	???? CD　CTD LD ????-PV	
CTUD　C×××, PV	???? CU　CTUD CD R ????-PV	

2. 减计数指令应用示例

如图3—1—4所示，在复位脉冲 I1.0 有效时，即 I1.0 = 1 时，当前值等于预置值，计数器的状态位置为 0；当复位脉冲 I1.0 = 0 时，计数器有效，在 CD 端每来一个脉冲的上升沿，当前值减 1 计数，当前值从预置值开始减至 0 时，计数器的状态位 C – bit = 1，Q0.0 = 1。在复位脉冲 I1.0 有效时，即 I1.0 = 1 时，计数器 CD 端即使有脉冲上升沿，计数器也不减 1 计数。

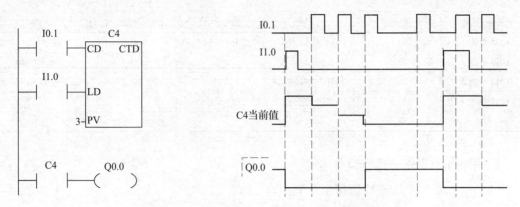

图3—1—4　减计数器在梯形图的应用及其时序图示例

四、辅助继电器 M

辅助继电器 M 相当于电力拖动控制线路中的中间继电器 KA，在 PLC 程序设计中，它只在 PLC 程序（梯形图）中使用，不能驱动外部负载，在 PLC 梯形图中常用于逻辑变换和逻辑记忆。辅助继电器 M 分为通用辅助继电器 M、断电保持辅助继电器 M 和特殊辅助继电器 M。辅助继电器 M 既可接收外部的信号，也可以接收内部其他软元件的控制信号来控制其他部分，M 的触点（常开、常闭）可以无数次被使用，但是线圈却只有一个，这是常用的辅助继电器 M；还有特殊辅助继电器 M，一种只用它的触点，另一种只用它的线圈。如图 3—1—5 所示为常用辅助继电器 M 在梯形图中的使用示例。

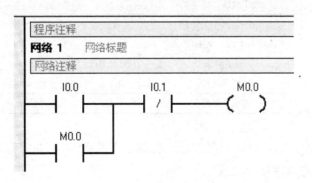

图 3—1—5　常用辅助继电器 M 在梯形图中的使用示例

【任务实施】

1. 根据控制要求做出 I/O 分配表，见表 3—1—2。

表3—1—2　　　　　　　　　　项目三任务一I/O分配表

输入			输出		
设备接线	地址	注释	设备接线	地址	注释
CH0 检测 1	I0.0	气缸退回限位	CH0 控制 1	Q0.0	料井气缸
CH0 检测 2	I0.1	气缸推出限位	DI0	Q0.1	变频器启动
CH0 检测 3	I0.2	料柱井料柱检测	DI1	Q0.2	传送带 50 Hz
CH1 检测 4	I0.3	光电传感器			
SB_1	I0.4	启动按钮			

2．根据I/O分配表进行设备连线

（1）PLC输入公共端M连接至0 V。

（2）PLC输出公共端L连接至24 V，M连接至0 V。

（3）用25针数据线将S7-200 PLC模块和传送带传送与检测单元连接，其电磁阀与控制接口、传感器与检测接口的对应关系请参考本书绪论中的设备介绍。

3．设置变频器参数，见表3—1—3。

表3—1—3　　　　　　　　　　项目三任务一变频器涉及参数

序号	参数代号	参数意义	设置值	设置值说明
1	P0010	快速调试	30	调出出厂设置参数 1 = 快速调试，0 = 运行设备
2	P0970	工厂复位	1	恢复出厂值（回复缺省）
3	P0003	参数访问级	2	
4	P0700	选择命令源	2	1 = 由面板输入，2 = 由端子排输入
5	P0701	数字输入 0 的功能	2	2 = ON 反向/OFF1
6	P0702	数字输入 1 的功能	15	15 = 固定频率选择位 0
7	P1000	选择频率设定值的信号源	3	3 = 固定频率
8	P1001	固定频率 1	50.0 Hz	
9	P1120	斜坡上升时间	0.1 s	缺省值：10 s
10	P1121	斜坡下降时间	0.1 s	缺省值：10 s

4．根据控制要求编写PLC控制程序，将程序下载到S7-200 PLC设备中，并将PLC调至运行状态。参考程序见附录五。

5．程序调试。调试程序时可在PLC运行状态下，打开软件中自带的"程序状态监控"模式，便可监测到程序中各触点的通断情况，如图3—1—6所示，在设备运行时，如果动作现象不符合任务要求，则可在"程序状态监控"下查找相关的输入、输出是否按要求接通或断开，并对程序进行相关的修改。

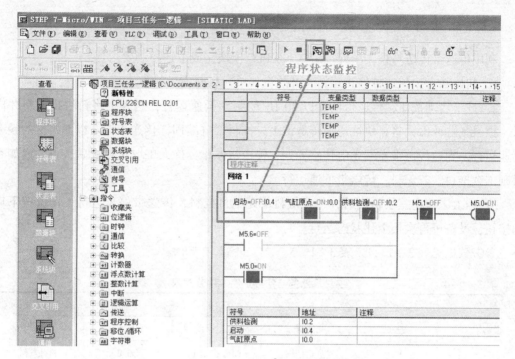

图3—1—6 "程序状态监控"模式

6. 光电传感器的调整（尽量不要动）。参考任务分析中关于 CX421 型光电传感器的使用方法。

7. 变频器的调整。如变频器未正常运行，需按以下步骤进行检查，如有问题予以改正：

（1）变频器与 PLC 输出接线连接是否正确。

（2）查看 PLC 输出点位指示灯是否正常显示，用以排除是编程错误还是连接错误。

（3）查看变频器参数是否设置正确，并查看变频器手册对问题参数进行修改。

注意事项：

● 如果气压过低，同样会造成气缸运行不稳定，或无法将货物推出，甚至电磁阀不工作，应注意调节气动三联件的气压，将气压调节到设备使用要求，关于气动三联件各部分功能以及气压的调节方法请参照设备使用说明书。

● 如果系统的初始状态不对，也会对程序的最终调试有影响，所以应检查推料气缸的初始状态，使其符合项目要求。

● 在调试过程中，如果 PLC 的输入/输出公共端以及井式供料单元的供电没有正确连线，也会影响系统的最终结果，所以应正确连线。

【任务扩展】

利用传送带传送与检测单元、S7 – 200 PLC 模块完成下述控制要求：

1. 初始状态，传送带停止运转，井式供料单元料井内无料。

2. 按下启动按钮，传送带向左以 20 Hz 的频率低速运行，当人工将料块投向料井内时，推料气缸伸出，将料块推送至传送带上，推料气缸缩回，传送带向左以 50 Hz 的频率高速运行，到达传送带左端光电传感器处，传送带停止，待人工取走料块后，料井内如有料则继续推料，若无料，传送带低速运行。

3. 当人工取走三块料块后，井式供料单元不再推料，传送带停止运行。再次按下启动按钮，设备可再次按上述状态运行。

参考数据见表 3—1—4、表 3—1—5。

表 3—1—4　　　　　　　项目三任务一任务扩展 I/O 分配表

输入			输出		
设备接线	地址	注释	设备接线	地址	注释
CH0 检测 1	I0.0	气缸退回限位	CH0 控制 1	Q0.0	料井气缸
CH0 检测 2	I0.1	气缸推出限位	DI0	Q0.1	变频器启动
CH0 检测 3	I0.2	料柱井料柱检测	DI1	Q0.2	传送带 20 Hz
CH1 检测 4	I0.3	光电传感器	DI2	Q0.3	传送带 30 Hz
SB_1	I0.4	启动按钮			

表 3—1—5　　　　　　　项目三任务一任务扩展变频器参数

序号	参数代号	参数意义	设置值	设置值说明
1	P0010	快速调试	30	调出出厂设置参数 1 = 快速调试，0 = 运行设备
2	P0970	工厂复位	1	恢复出厂值（回复缺省）
3	P0003	参数访问级	2	
4	P0700	选择命令源	2	1 = 由面板输入，2 = 由端子排输入
5	P0701	数字输入 0 的功能	2	2 = ON 反向/OFF1
6	P0702	数字输入 1 的功能	15	15 = 固定频率选择位 0
7	P0703	数字输入 2 的功能	16	16 = 固定频率选择位 1
8	P1000	选择频率设定值的信号源	3	3 = 固定频率

序号	参数代号	参数意义	设置值	设置值说明
9	P1001	固定频率1	20.0 Hz	
10	P1002	固定频率2	30.0 Hz	
11	P1120	斜坡上升时间	0.1 s	缺省值：10 s
12	P1121	斜坡下降时间	0.1 s	缺省值：10 s

【任务评价】（见表3—1—6）

表3—1—6　　　　用PLC和光电传感器实现对工件的统计任务评价表

班级：_____姓名：_____学号：_____成绩：_____

序号	课题内容	考核要求	配分	评分标准	扣分	得分
1	I/O分配及PLC导线插接	I/O分配表正确接线正确	20	分配表每错一处扣5分 导线插接每错一处扣5分		
2	变频器参数查找及设置	变频器参数查找及设置准确	20	变频器参数不正确扣2分 不重复扣分		
3	PLC与变频器联动调试	PLC控制运行现象满足题意要求	50	PLC程序编写逻辑不合理每处扣2分 试车一次不合格扣10分 试车不超过3次		
4	安全文明生产	按国家颁布的安全生产法规或企业规定考核	10	违反安全文明生产规程扣5～10分		

学生任务实施过程的小结及反馈：

教师点评：

任务二　用 PLC 和电感、电容、光纤 传感器实现对工件的分拣

【任务描述】

利用传送带传送与检测单元、S7 – 200 PLC 模块完成下述控制要求：

1. 初始状态，传送带停止运转，料井内无料。

2. 按下启动按钮，传送带向左以 40 Hz 的频率运行，当人工将料块投向料井中时，推料气缸伸出，将料块推送至传送带上，推料气缸缩回，如果是铁芯工件，经过电感传感器时，电感传感器下边的推料气缸伸出，将铁芯工件打入滑槽，使工件掉入料库三；如果是铝芯工件，则在经过电容传感器时将工件打入料库二；如果为无芯黄色工件，经过光纤传感器时，则将其打入料库一；若为无芯蓝色工件，则到达传送带左端的光电传感器处设备停止运行。

3. 若人为取走工件后，再次按下启动按钮，设备可再次启动。

说明：

（1）传送带上传感器的排列顺序从左至右依次为光电传感器→光纤传感器→电容传感器→电感传感器。

（2）料库排列顺序从左至右依次为料库一→料库二→料库三。

【任务分析】

本任务在任务一的基础上多加了三个传感器，分别是光纤传感器、电容传感器、电感传感器，如图 3—2—1 所示，完成好本任务需要对上述三个传感器的性能加以学习，同时，编程时应注意逻辑正确而实际动作不正确的问题。

【相关知识】

一、电感传感器、电容传感器、光纤传感器介绍

1. 电感传感器

在传送检测与分拣单元中，电感传感器主要是对工件的料芯进行检测，当检测到铁芯时，传感器接通，PLC 相应输入点位点亮。

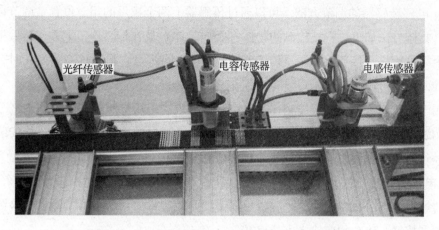

图 3—2—1 光纤传感器、电容传感器、电感传感器

（1）电感传感器的参数。电感传感器相关参数见表3—2—1，原理接线图如图3—2—2所示。

表 3—2—1　　　　　　　　　　　电感传感器相关参数

名称	电感传感器
稳定动作距离	8 mm
电源电压	6~36 V
输出压降	5 V
复位精度	≥0.01 mm
出线盒输出方式	三线常开
最大输出电流	300 mA
输出类型	NPN

• NPN输出型

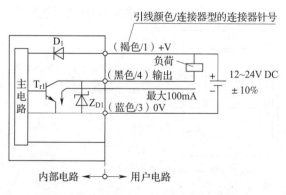

图 3—2—2 电感传感器原理接线图

（2）电感传感器的调节方法。可以通过传感器上两个螺母的相对位置来调节传感器的灵敏度，具体方法如下：将被检测的物体（金属物体）放在传感器正下方，然后把传感器上的两个螺母旋松，接着上下调整传感器并观察输出指示灯，指示灯稳定发光时，再将传感器上的两个螺母旋紧固定。

可用电感传感器来检测金属物体，也可利用铁块和铝块检测距离的不同来区分铁块和铝块，例题程序中应用电感传感器来检测金属物体，通过调节电感传感器，使安装的铁块和铝块经过时，电感传感器均有信号输出（红色指示灯亮）。

2. 电容传感器

在传送检测与分拣单元中，电容传感器主要是对工件的料芯进行检测，当检测到铝芯时，传感器接通，PLC 相应输入点位点亮。

（1）电容传感器参数。电容传感器相关参数见表 3—2—2，原理接线图如图 3—2—3 所示。

表 3—2—2　　　　　　　　　　电容传感器相关参数

名称	圆柱形电容传感器
检测距离	8 mm ± 10%
检测物体	导体及电介质体
电源电压	DC12 ~ 24 V
接线方式	直流三线式
消耗电流	≤15 mA
最大输出电流	200 mA
输出类型	NPN

● NPN输出型

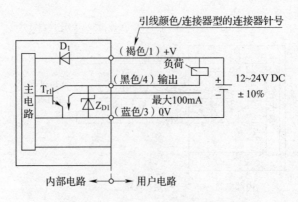

图 3—2—3　电容传感器原理接线图

（2）电容传感器的调节方法。可以通过传感器上两个螺母的相对位置来调节传感器的灵敏度，具体方法如下：将被检测物体放在传感器正下方，然后把传感器上的两个螺母旋松，接着上下调整传感器并观察输出指示灯，指示灯稳定发光时，再将传感器上的两个螺母旋紧固定。

电容传感器是一种常见的接近开关，能检测导体及电介质体，通常情况下金属导体检测距离远，非金属物体检测距离近，可通过调节电容传感器与被检测物体的距离来区分金属和非金属物体，在例题程序中用来检测料块内是否有料柱，调节过程如下：将装铝芯的料块放在电容传感器下，调节电容传感器，使其有输出（红色指示灯亮）；将一个空芯的料块放在电容传感器下，调节电容传感器，使其无输出（红色指示灯灭），电容传感器调节完毕。

3. 光纤传感器

系统使用光纤传感器来检测工件的颜色，根据检测的结果做出相应的判断，当检测到黄色工件时，传感器接通，PLC 相应输入点位点亮。

（1）光纤传感器参数。光纤传感器相关参数见表 3—2—3，原理接线图如图 3—2—4 所示，放大器部件说明如图 3—2—5 所示。

表 3—2—3　　　　　　　　　光纤传感器 FX－311 相关参数

类　型		红色 LED 型	蓝色 LED 型	绿色 LED 型
项目	型号　NPN 输出	FX－311	FX－311B	FX－311G
	PNP 输出	FX－311P	FX－311BP	FX－311GP
电源电压		12～24 V DC±10% 脉动 P－P 10% 以下		
电量消耗		840 mW 以下（电源电压 24 V 时，消耗电流 35 mA 以下）		
输出		＜NPN 输出型＞　　　　　　　　　＜PNP 输出型＞ NPN 开路集电极晶体管　　　　　　PNP 开路集电极晶体管 最大流入电流：100 mA（注1）　　最大流出电流：100 mA（注1） 外加电压：30 V DC 以下　　　　　外加电压：30 V DC 以下 （在输出和 0 V 之间）　　　　　　（在输出和＋V 之间） 剩余电压：1.5 V 以下　　　　　　剩余电压：1.5 V 以下 ［流入电流 100 mA 时（注1）］　　［流出电流 100 mA 时（注1）］		
	输出操作	入光时 ON 或遮光时 ON 可通过转换开关进行选择		
	短路保护	装备		

续表

类　型		红色 LED 型	蓝色 LED 型	绿色 LED 型
型号	NPN 输出	FX－311	FX－311 B	FX－311 G
项目	PNP 输出	FX－311 P	FX－311 BP	FX－311 GP
反应时间		250 μs 以下（S－D，STD） 2 ms 以下（LONG） 可通过转换开关进行选择	150 μs 以下（FAST），250 μs 以下（STD） 2 ms 以下（LONG） 可通过转换开关进行选择	
操作指示灯		橙色 LED（输出 ON 时灯亮）		
稳定指示灯		绿色 LED（稳定入光时，稳定遮光时灯亮）		
灵敏度调节器		附指示灯（指针部：红色背光）的 12 回转调节器（注2）		
定时器功能		备有 OFF 延时器，可切换有效（约100 ms 或 40 ms）/无效		
自动防干扰功能		装备（最多四根电缆可靠近安装）		
使用周围温度		－10 ~ +55℃（4~7 台连接时：－10 ~ +50℃，8~16 台连接时：－10 ~ +45℃） （不可结露凝霜），存储：－20 ~ +70℃		
使用周围湿度		35 ~ 85% RH，存储：35 ~ 85% RH		
光源		红色 LED（调制式）	蓝色 LED（调制式）	绿色 LED（调制式）
材质		外壳：耐热 ABS；外套：聚碳酸酯		
质量		约 15 g		

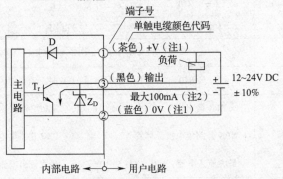

• FX–311口/NPN输出型

图 3—2—4　光纤传感器原理接线图

注：1. 单触电缆子电缆不装备 +V（茶色）和 0 V（蓝色）。由母电缆接头供电。

　　2. 连接 5 台以上放大器时，最大 50 mA。

　　3. 符号 D：反向电源极性保护二极管；ZD：电涌吸收齐纳二极管；Tr：NPN 输出晶体管。

（2）光纤传感器的调节方法。光纤传感器有 LONG、STD 和 S－D 三种检测模式，LONG 适用于长距离检测的情况，STD 适用于标准检测的情况，S－D 适用于细微的检测。

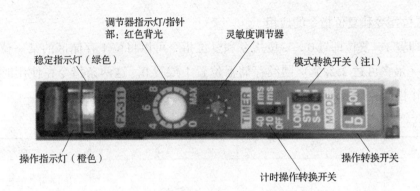

图 3—2—5　光纤传感器放大器部件说明

注：FX‒311 B（P）及 FX‒311 G（P）的模式转换开关为"LONG""STD"或"FAST"模式。

光纤传感器有两种输出模式，将操作转换开关置于 L 侧，检测到物体时，传感器有输出；将操作转换开关置于 D 侧，检测不到物体时，传感器有输出。

调节光纤传感器的灵敏度按钮，可调整光纤传感器检测的距离以及颜色。

例题程序中将模式选择在 STD 适用于标准检测的情况，将操作转换开关置于 L 侧，即检测到物体，传感器有信号输出。同时，把黄色工件放在传感器下，调节灵敏度调节器使传感器有输出（红色指示灯亮），把蓝色工件放在传感器下，调节灵敏度传感器使其没有输出（红色指示灯灭）即可。

二、S7‒200 系列 PLC 指令

1. 上升沿和下降沿的应用

上升沿和下降沿主要针对脉冲信号而言，例如，按下按钮后再松开按钮，这样便产生了一个脉冲，而一个脉冲通常由上升沿、保持时间、下降沿组成。

（1）上升沿触发单脉冲指令┤P├，即按下按钮，触点接通，与松或不松开按钮无关。

（2）下降沿触发单脉冲指令┤N├，即按下按钮，触点不接通，而松开按钮则触点接通。与按住按钮的时间无关，只与何时松开有关。

上升沿、下降沿指令的梯形图和时序图举例如图 3—2—6 所示。

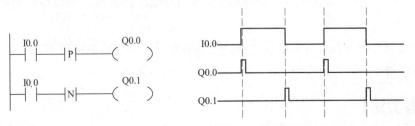

图 3—2—6　上升沿、下降沿指令的梯形图和时序图举例

2．置位指令和复位指令的应用

置位即置1，复位即置0。置位指令和复位指令可以将位于存储区的某一位开始的一个或多个（最多可达255个）同类存储器置1或置0。这两条指令在使用时需指明三点，即操作性质、开始位和位的数量。置位指令和复位指令介绍见表3—2—4。

表3—2—4   置位指令和复位指令介绍

	LAD	STL	功能
置位指令	—⎛bit⎞ ⎜ S ⎟ ⎝ N ⎠	S bit, N	从bit开始的连续的N个元件置位
复位指令	—⎛bit⎞ ⎜ R ⎟ ⎝ N ⎠	R bit, N	从bit开始的连续的N个元件复位

（1）编程举例如图3—2—7所示。

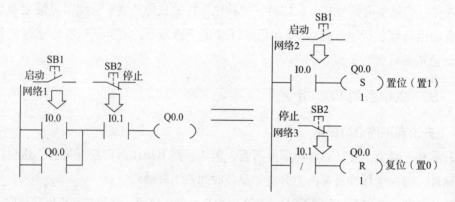

图3—2—7 自锁功能程序（电路）

（2）使用注意事项

1）对位元件来说，一旦被置位，就保持在通电状态，直至对它复位。

2）S/R指令可以互换次序使用，但PLC采用扫描工作方式，所以写在后面的指令具有优先权。

3）如果对计数器和定时器复位，则计数器和定时器的当前值被清零。

4）S/R指令的操作数为Q、M、SM、T、C、V、S和L。

【任务实施】

1．依据题意写出I/O分配表，见表3—2—5。

表3—2—5   项目三任务二I/O分配表

输入			输出		
设备接线	地址	注释	设备接线	地址	注释
CH0 检测 1	I0.0	气缸退回限位	CH0 控制 1	Q0.0	料井气缸
CH0 检测 2	I0.1	气缸推出限位	CH1 控制 1	Q0.1	颜色气缸
CH0 检测 3	I0.2	料柱井料柱检测	CH1 控制 2	Q0.2	电感气缸
CH1 检测 1	I0.3	电感传感器	CH1 控制 3	Q0.3	电容气缸
CH1 检测 2	I0.4	电容传感器	DI0	Q0.4	变频器启动
CH1 检测 3	I0.5	颜色传感器	DI1	Q0.5	传送带40 Hz
CH1 检测 4	I0.6	光电传感器			
SB_1	I0.7	启动按钮			

2. 根据I/O分配表进行设备连线

（1）PLC输入公共端M连接至0 V。

（2）PLC输出公共端L连接至24 V，M连接至0 V。

（3）用25针数据线将S7-200同传送带传送与检测单元连接，其电磁阀与控制接口、传感器与检测接口的对应关系参考本书绪论中的设备介绍。

3. 设置变频器参数，见表3—2—6。

表3—2—6   项目三任务二变频器参数

序号	参数代号	参数意义	设置值	设置值说明
1	P0010	快速调试	30	调出出厂设置参数 1 = 快速调试，0 = 运行设备
2	P0970	工厂复位	1	恢复出厂值（回复缺省）
3	P0003	参数访问级	2	
4	P0700	选择命令源	2	1 = 由面板输入，2 = 由端子排输入
5	P0701	数字输入0的功能	2	2 = ON 反向/OFF1
6	P0702	数字输入1的功能	15	15 = 固定频率选择位0
7	P1000	选择频率设定值的信号源	3	3 = 固定频率
8	P1001	固定频率1	40.0 Hz	
9	P1120	斜坡上升时间	0.1 s	缺省值：10 s
10	P1121	斜坡下降时间	0.1 s	缺省值：10 s

4. 根据控制要求编写 PLC 控制程序，参考程序见附录五。

5. 将程序下载到 S7 – 200 PLC 设备中，并将 PLC 调至运行 RUN 状态。

6. 进行程序调试，可参考任务一中的方法。

7. 电感传感器、电容传感器、光纤传感器的调整（尽量不要动）

（1）电感传感器的调整。将装有铁芯的工件置于电感传感器正下方，调节电感传感器与工件的距离，至电感传感器有输出，红灯亮；将装有铝芯的工件置于电感传感器的下方，调节电感传感器与工件的距离，至电感传感器没有输出，红灯灭。最终调试结果如下：将装有铁芯的工件经过电感传感器下方时，传感器有输出；将装有铝芯的工件经过电感传感器下方时，传感器无输出。

（2）电容传感器的调整。将装有铝芯的工件置于电容传感器正下方，调节电容传感器与工件的距离，至电容传感器有输出，红灯亮；将空心的工件置于电容传感器的下方，调节电容传感器与工件的距离，至电容传感器没有输出，红灯灭。最终调试结果如下：将装有铝芯的工件经过电容传感器下方时，传感器有输出；将空心的工件经过电容传感器下方时，传感器无输出。

（3）光纤传感器的调整。将黄色工件置于光纤传感器的正下方，调节光纤传感器的灵敏度调节器，至光纤传感器有输出，红灯亮；将蓝色工件置于光纤传感器的下方，调节光纤传感器的灵敏度调节器，至光纤传感器没有输出，红灯灭。最终调试结果如下：将黄色工件经过光纤传感器下方时，传感器有输出；将蓝色工件经过光纤传感器下方时，传感器无输出。注意将操作转换开关置于 L 侧。

8. 变频器的调整。如变频器未正常运行，需按以下步骤进行检查，如有问题予以改正：

（1）变频器与 PLC 输出接线连接是否正确。

（2）查看 PLC 输出点位指示灯是否正常显示，用以排除是编程错误还是连接错误。

（3）查看变频器参数是否设置正确，并查看变频器手册对问题参数进行修改。

【任务扩展】

利用传送带传送与检测单元、S7 – 200 PLC 模块完成下述控制要求：

1. 初始状态，传送带停止运转，料井内无料。

2. 按下启动按钮，传送带向左以 40 Hz 的频率运行，当人工将料块投向料井中时，推料气缸伸出，将料块推送至传送带上，推料气缸缩回，料块经过三个传感器进行检测后到达传送带左端光电传感器处，传送带停止 1 s 后以 30 Hz 的频率向右运行。若为黄色空心料块，则在光纤传感器处传送带停止，料块被打入滑槽；若为蓝色铝芯料块，则在电感传感器处传送带停止，料块被打入滑槽；若为黄色铁芯料块，则在电容传感器处传送带停止，料块被打入滑槽，其他料块均视为废料，传送带向右运行 10 s 后停止。

3. 再次按下启动按钮，设备可再次启动。若在传感器检测中未发现废料，则设备完成检测打料后，供料单元继续供料。

说明：

（1）传送带上传感器的排列顺序从左至右依次为光电传感器→光纤传感器→电容传感器→电感传感器。

（2）料库排列顺序从左至右依次为料库一→料库二→料库三。

参考数据见表3—2—7、表3—2—8。

表3—2—7　　　　　　　项目三任务二任务扩展 I/O 分配

输入			输出		
设备接线	地址	注释	设备接线	地址	注释
CH0 检测 1	I0.0	气缸退回限位	CH0 控制 1	Q0.0	料井气缸
CH0 检测 2	I0.1	气缸推出限位	CH1 控制 1	Q0.1	颜色气缸
CH0 检测 3	I0.2	料柱井料柱检测	CH1 控制 2	Q0.2	电感气缸
CH1 检测 1	I0.3	电感传感器	CH1 控制 3	Q0.3	电容气缸
CH1 检测 2	I0.4	电容传感器	DI0	Q0.4	变频器启动
CH1 检测 3	I0.5	颜色传感器	DI1	Q0.5	变频器反转
CH1 检测 4	I0.6	光电传感器	DI2	Q0.6	传送带 30 Hz
SB_1	I0.7	启动按钮	DI3	Q0.7	传送带 10 Hz

表3—2—8　　　　　　　项目三任务二任务扩展变频器参数

序号	参数代号	参数意义	设置值	设置值说明
1	P0010	快速调试	30	调出出厂设置参数 1 = 快速调试，0 = 运行设备
2	P0970	工厂复位	1	恢复出厂值（回复缺省）
3	P0003	参数访问级	2	
4	P0700	选择命令源	2	1 = 由面板输入，2 = 由端子排输入
5	P0701	数字输入 0 的功能	2	2 = ON 反向/OFF1
6	P0702	数字输入 1 的功能	12	12 = 反向
7	P0703	数字输入 2 的功能	15	15 = 固定频率选择位 0
8	P0704	数字输入 3 的功能	16	16 = 固定频率选择位 1

续表

序号	参数代号	参数意义	设置值	设置值说明
9	P1000	选择频率设定值的信号源	3	3 = 固定频率
10	P1001	固定频率 1	30 Hz	
11	P1002	固定频率 2	10 Hz	
12	P1120	斜坡上升时间	0.1 s	缺省值：10 s
13	P1121	斜坡下降时间	0.1 s	缺省值：10 s

【任务评价】（见表3—2—9）

表3—2—9　用PLC和电感传感器、电容传感器、光纤传感器实现对工件的分拣任务评价表

班级：_____ 姓名：_____ 学号：_____ 成绩：_____

序号	课题内容	考核要求	配分	评分标准	扣分	得分
1	I/O 分配及 PLC 导线插接	I/O 分配表正确接线正确	20	分配表每错一处扣5分导线插接每错一处扣5分		
2	变频器参数查找及设置	变频器参数查找及设置准确	20	变频器参数不正确扣2分不重复扣分		
3	PLC 与变频器联动调试	PLC 控制运行现象满足题意要求	50	PLC 程序编写逻辑不合理每处扣2分试车一次不合格扣10分试车不超过3次		
4	安全文明生产	按国家颁布的安全生产法规或企业规定考核	10	违反安全文明生产规程扣5~10分		

学生任务实施过程的小结及反馈：

教师点评：

项目四

行走机械手与仓库单元实操训练

实训内容

1. 用 PLC 实现行走机械手的往返行走控制。

2. 用 PLC 实现行走机械手的精确定位。

3. 用 PLC 实现行走机械手的精确定位及货物搬运控制。

实训目标

1. 掌握用顺序功能图法设计 PLC 程序的方法。

2. 学会比较指令的使用方法。

3. 掌握编码器的工作原理并学会用指令向导配置高速计数器操作的步骤。

4. 学会用公式法计算或用实测法监控直线位移脉冲个数。

5. 掌握子程序、置位优先触发器（RS）、复位优先触发器（SR）指令的应用方法。

实训设备（见表 4—1）

表 4—1　　　　　行走机械手与仓库单元实操训练所需部件清单

序号	名称	数量
1	TVT－METSA－T 设备主体	一套
2	行走机械手与仓库单元	一套
3	S7－200 PLC 模块	一块
4	S7－200 编程电缆	一根
5	连接导线	若干
6	25 针数据线	一根

任务一　用 PLC 实现行走机械手的往返行走控制

【任务描述】

利用行走机械手与仓库单元、S7 – 200 PLC 模块实现下述控制要求：设备上电后，行走机械手回到初始状态（若行走机械手不在原点，则自动回到原点限位位置）。按下启动按钮，行走机械手向下运行，到达下限位后，向上运行至原点限位。若不按停止按钮，则行走机械手在原点限位和下限位之间进行往复运动，若按下停止按钮，则停在当前位置，再次按下启动按钮，行走机械手继续运行。

要求：利用顺序功能图完成 PLC 程序的设计。

【任务分析】

本任务是在行走机械手单元基础上，对行走机械手的自动往返运动进行控制，完成本任务首先应对该单元相关器件有所了解，并利用所学顺控指令完成编程。

【相关知识】

一、行走机械手与仓库单元

1. 行走机械手与仓库单元概述

行走机械手与仓库单元由行走机械手、直流电动机、旋转编码器、限位传感器、平面仓库、仓库工件有无检测传感器等组成，可完成工件在多个单元之间的搬运工作和入库工作。仓库部分由一个四工位的平面仓库构成，可用来进行货物的仓储以及出库、入库的管理工作，行走机械手与仓库单元的结构如图4—1—1所示。

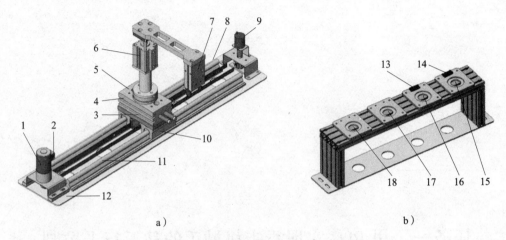

a)　　　　　　　　　　　　　　　　　b)

图4—1—1　行走机械手与仓库单元的结构

a）行走机械手的结构　b）平面仓库的结构

1—直流电动机（C－M1）　2—行走机械手限位接近开关（C－SQ3）3—旋转气缸限位点（C－SQ5）

4—旋转气缸原点（C－SQ4）　5—旋转气缸（C－YV1）　6—升降气缸（C－YV2）

7—夹紧气缸（C－YV3）　8—行走机械手电动机原点传感器接近开关（C－SQ2）

9—旋转编码器（C－SQ1）　10—行走机械手滑块　11—直线导轨　12—底座

13—2#仓库检测传感器（C－SQ7）　14—1#仓库检测传感器（C－SQ6）

15—1#仓库　16—2#仓库　17—3#仓库　18—4#仓库

2．欧姆龙接近开关

在行走机械手与仓库单元中，接近开关用来进行行走机械手的原点检测和限位检测，其具体参数和使用方法如下：

（1）欧姆龙接近开关参数。欧姆龙接近开关是一种小型的短距离传感器，其接线图如图4—1—2所示，参数见表4—1—1。

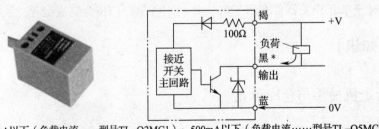

*100mA以下（负载电流……型号TL–Q2MC1）；500mA以下（负载电流……型号TL–Q5MC1）

图4—1—2　欧姆龙接近开关接线图

表4—1—1　　　　　　　　　　　　　欧姆龙接近开关参数

名称	欧姆龙方形接近开关
检测距离	5 mm ± 10%
检测物体	磁性物体（非磁性金属会缩短检测距离）
电源电压	DC 12 ~ 24 V
接线方式	直流三线式
消耗电流	≤10 mA
输出类型	NPN
响应时间	2 ms 以下

（2）使用方法。在使用行走机械手单元时，首先应调整接近开关的固定螺钉，使其尽量靠近被检测物（例题程序中用来检测行走机械手的滑块），当被检测物体靠近时，接近开关红色指示灯亮，此时接近开关有信号输出。

3. 直流电动机

行走机械手的拖动部分采用直流电动机，直流电动机参数见表4—1—2，直流电动机采用 YF1040.2 模块驱动，YF1040.2 智能驱动模块具有保护电路，能防止直流电动机的短路、堵转等，有效地保护了直流电动机和设备，并延长了直流电动机和设备的使用寿命。

表4—1—2　　　　　　　　　　　　　直流电动机参数

名称	小型直流电动机
额定电源电压	DC24 V
速比	1:130
功率	10 W
额定转速	30 r/min

二、顺序功能图的应用

工业控制中普遍存在顺序控制的要求。所谓顺序控制，是指使生产过程按工艺要求事先安排的顺序自动地进行控制。S7 - 200 PLC 中所用顺序功能图编程语言是一种图形化的编程语言，它是在依据控制要求绘制出顺序功能图的基础上进行编程，并将控制程序进行逻辑分段，从而实现顺序控制。

1. 功能图

功能图又称状态图、顺序功能图或功能流程图，如图4—1—3所示。一个控制过程可以分为若干个阶段，每个阶段称为状态。状态与状态之间由转换条件连接，相邻的状态具有不同的动作。当相邻两状态之间的转换条件得到满足时，就实现了转换，即上面状态的动作结束而下一个状态的动作开始。可用功能图来描述控制系统的控制过程，状态图具有直观、简单的特点，是设计PLC顺序控制程序的一种有力工具。

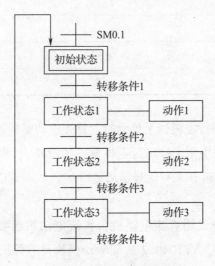

图4—1—3 顺序功能图

顺序功能图主要由初始状态、工作状态、输出动作、转移条件四个环节组成。

（1）初始状态。初始状态是功能图运行的起点，一般标记为双线矩形框，其后可以连接输出动作，也可无具体动作输出，如图4—1—4a所示。

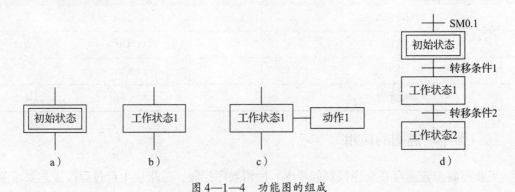

图4—1—4 功能图的组成

（2）工作状态。工作状态是控制系统正常运行的状态，根据控制系统是否运行，状态可以分为动状态和静状态两种。动状态是指当前正在运行的状态，静状态是指当前没有运行的状态，即作过渡环节使用，如图 4—1—4b 所示。

（3）输出动作。在每个稳定的状态下一般会有相应的动作。动作的表示方法如图 4—1—4c 所示。

（4）转移条件。从一个状态到另一个状态的变化需要一定的条件，即转移条件。转移的方向用一条有向线段来表示，在两个状态之间的有向线段上用一条横线可以表示这一转移，如图 4—1—4d 所示。一般由上一状态转移至下一状态时，指向方向的箭头可以省略，而由下一状态转移至上一状态时，指向方向的箭头不可省略。

2. 顺序控制指令与功能图的类型

（1）顺序控制指令。顺序控制指令是 PLC 生产厂家为用户提供的可使功能图编辑简单化、规范化的指令。S7-200 PLC 提供了四条顺序控制指令，其中最后一条的条件顺序状态结束指令 CSCRE 使用较少，它们的 STL、LAD 格式见表 4—1—3。

表 4—1—3　　　　　　　　　　　　　　顺序控制指令

STL	LAD	功能	操作元件
LSCR S_bit	S_bit ⊢ SCR	顺序状态开始	S（位）
SCRT S_bit	S_bit ——（SCRT）	顺序状态移动	S（位）
SCRE	——（SCRE）	顺序状态结束	无
CSCRE		条件顺序状态结束	无

从表 4—1—3 中可以看出，顺序控制指令的操作元件为顺序控制器 S，又称状态器，每一个 S 位都表示功能图中的一种状态。S 的范围为 S0.0 ~ S31.7。

（2）功能图的类型。功能图的主要类型有单流程型、选择分支型、并行分支型、跳转与循环型等。

1）单流程型。这是最简单的功能图，如图 4—1—5 所示，其动作是一个接一个地完成的。每个状态仅连接一个转移，每个转移也仅连接一个状态。

2）选择分支型。在实际生产中，对具有多流程的工作要进行流程选择或者分支选择。即一个控制流可能转入多个可能的控制流中的某一个，但不允许多路分支同时执行。到底进入哪一个分支取决于控制流前面的转移条件哪一个为真。选择分支型功能图及其梯形图转换如图 4—1—6 所示。

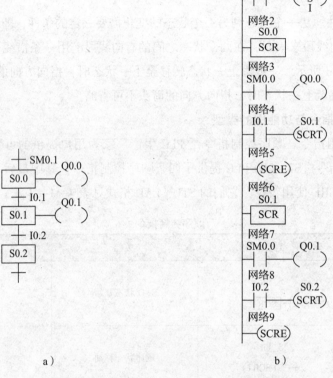

图4—1—5　单流程型功能图及其梯形图转换

a）功能图　b）梯形图

3）并行分支型。一个顺序控制状态必须同时分成两个或多个不同分支控制状态，这就是并发性分支或并性分支。但一个控制状态流分成多个分支时，所有的分支控制状态必须同时激活。当多个控制流产生的结果相同时，可以把这些控制流合并成一个控制流，即并行分支的连接。并行分支型功能图及其梯形图转换如图4—1—7所示。

4）跳转与循环型。直线流程、并行和选择是功能图的基本形式。多数情况下这些基本形式是混合出现的，跳转与循环是其典型代表。跳转与循环型功能图如图4—1—8所示。

（3）顺序控制指令使用说明

1）顺序控制指令仅对元件S有效，顺控继电器S也具有一般继电器的功能，所以对它能够使用其他指令。

2）SCR段程序能否执行取决于该状态器（S）是否被置位，SCRE与下一个LSCR之间的指令逻辑不影响下一个SCR段程序的执行。

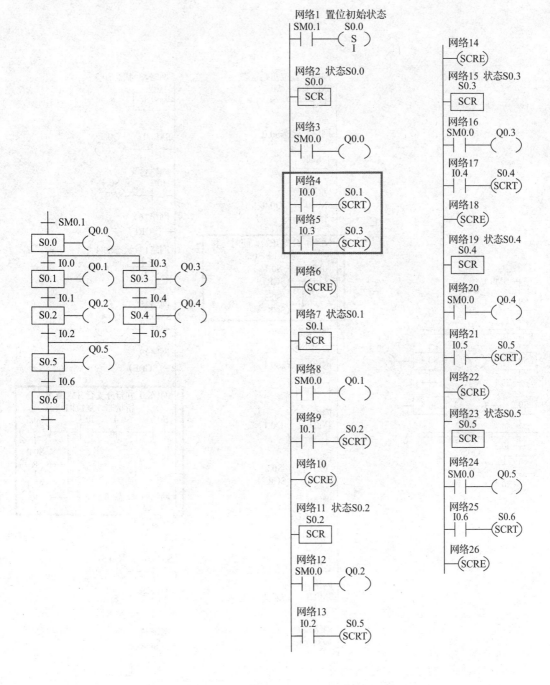

a)

b)

图4—1—6　选择分支型功能图及其梯形图转换

a）功能图　b）梯形图

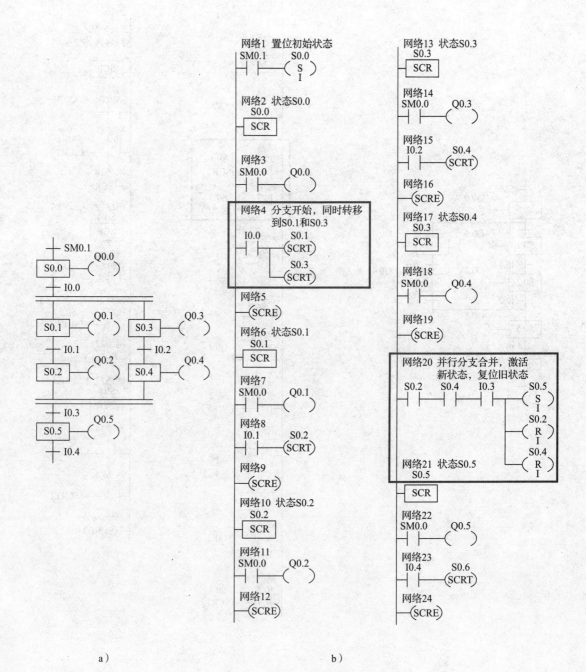

a) b)

图4—1—7 并行分支型功能图及其梯形图转换

a）功能图 b）梯形图

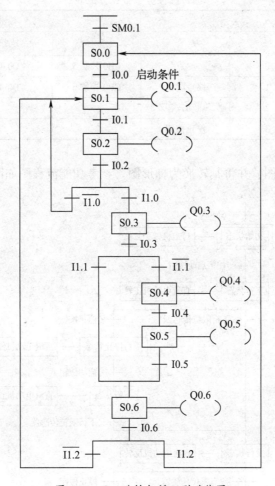

图4—1—8 跳转与循环型功能图

3）不能把同一个 S 位用于不同程序中，如在主程序中用了 S0.1，则在子程序中就不能再使用它。

4）在状态发生转移后，所有 SCR 段的元器件一般也要复位，如果希望继续输出，可使用置位/复位指令。

5）在使用功能图时，状态器的编号可以不按顺序编排。

6）在 S7－200 PLC 的顺控程序段中，不支持多线圈输出。如程序中出现多个 Q0.0 的线圈，则以后面线圈的状态优先输出。

【任务实施】

1. 依据题意写出 I/O 分配表，见表4—1—4。

表4—1—4 项目四任务一 I/O 分配表

输入			输出		
设备接线	地址	注释	设备接线	地址	注释
CH0 检测 3	I0.0	原点	CH0 控制 5	Q0.0	机械手离开原点
CH0 检测 4	I0.1	终点限位	CH0 控制 6	Q0.1	机械手靠近原点
SB_1	I0.2	启动按钮			
SB_2	I0.3	停止按钮			

2. 画出功能流程图，并将其转换为梯形图。参考功能流程图如图4—1—9所示。

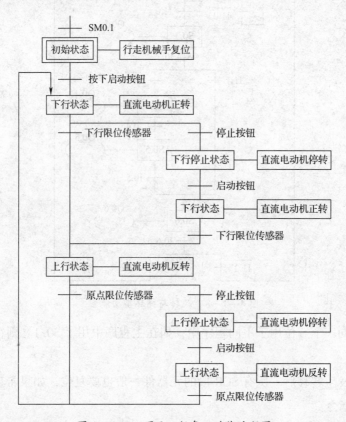

图4—1—9 项目四任务一功能流程图

3. 根据 I/O 分配表进行设备接线

（1）PLC 输入公共端 M 连接至 0 V。

（2）PLC 输出公共端 L 连接至 24 V，M 连接至 0 V。

（3）用 25 针数据线将 S7-200 与传送带传送与检测单元连接。

（4）对传送带传送与检测单元进行电源接线，将"24 V"连接到电源 24 V，将"0 V"

连接到电源 0 V。

（5）对 PLC 系统进行供电，供电电压为 24 V。

4. 根据控制要求编写 PLC 控制程序，参考程序见附录五。

5. 将已编写好的程序下载到设备中并调试

（1）程序调试可在编程软件"程序状态监控"模式下进行，以便找出问题点加以修改。

（2）行走机械手的调整。按下按钮 SB1，行走机械手从原点出发向下运行，到达终点限位时，行走机械手向上运行；按下按钮 SB2，行走机械手停止运行，如果行走机械手运行现象有误，则可以修改程序或者修改接线。

> **注意事项：**
>
> ● 当行走机械手行走至极限位置时，设备有硬件保护，使机械手不再运行，即使程序没有停止，设备也不会损坏。
>
> ● 在程序运行中 PLC 同时输出正、反转信号，由于存在硬件保护，不会出现短路现象，但编程时应尽量避免正、反转同时输出。

【任务扩展】

利用行走机械手与仓库单元、S7-200 PLC 模块实现下述控制要求：设备上电后，行走机械手回到初始状态（若行走机械手不在原点，则自动回到原点限位位置）。按下启动按钮，行走机械手下行，到达下限位后停止 3 s，上行至原点限位。若不按停止按钮，则行走机械手在原点限位和下限位之间进行往复运动，若按下停止按钮，则完成当前流程，回到原点限位后停止，再次按下启动按钮，设备可再次运行。

【任务评价】（见表 4—1—5）

表 4—1—5　　　　　　　用 PLC 实现行走机械手的往返行走控制任务评价表

班级：＿＿＿＿　姓名：＿＿＿＿　学号：＿＿＿＿　成绩：＿＿＿＿

序号	课题内容	考核要求	配分	评分标准	扣分	得分
1	I/O 分配表设计	1. 根据设计功能要求，正确分配输入点和输出点 2. 能根据任务要求，正确分配各种 I/O 量	15	1. 设计的点数与系统要求功能不符每处扣 2 分 2. 功能标注不清楚每处扣 2 分 3. 少标、错标、漏标每处扣 2 分		

序号	课题内容	考核要求	配分	评分标准	扣分	得分
2	程序设计	1. PLC 程序能正确实现系统控制功能 2. 梯形图程序及程序清单正确、完整	30	1. 梯形图程序未实现某项功能，酌情扣 5~10 分 2. 梯形图画法不符合规定，程序清单有误，每处扣 2 分 3. 梯形图指令运用不合理每处扣 2 分		
3	程序输入及调试	1. 指令输入熟练、正确 2. 程序编辑、调试方法正确	40	1. 指令输入方法不正确，每提醒一次扣 2 分 2. 程序编辑方法不正确，每提醒一次扣 2 分 3. 调试方法不正确，每提醒一次扣 2 分		
4	安全生产	按国家颁布的安全生产法规或企业规定考核	15	1. 每违反一项规定从总分中扣除 2 分（总扣分不超过 10 分） 2. 发生重大事故取消考试资格		

学生任务实施过程的小结及反馈：

教师点评：

任务二　用 PLC 实现行走机械手的精确定位

【任务描述】

利用行走机械手与仓库单元、S7 – 200 PLC 模块实现下述控制要求：设备上电后，行走机械手回到初始状态，如果行走机械手不在原点，则自动回到原点限位，机械手臂在右侧。按下启动按钮，机械手下行至一号库位，停留 3 s，然后下行到三号库位，停留 5 s 后上行至原点限位，再次按下启动按钮，设备可再次按上述控制要求继续运行。

【任务分析】

本次任务是关于行走机械手精确定位的控制，通过下面旋转编码器、高速计数器及比较指令的学习将能顺利地完成本次任务。

【相关知识】

一、旋转编码器

旋转编码器的外形如图 4—2—1 所示，其接线图如图 4—2—2 所示。

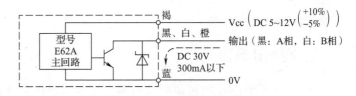

图 4—2—1　欧姆龙 E6A2 – CW5C
　　　　　型旋转编码器

图 4—2—2　旋转编码器接线图

1. 旋转编码器概述

旋转编码器是集光、机、电知识于一体的速度位移传感器。当旋转编码器轴带动光栅盘旋转时，经发光元件发出的光被光栅盘狭缝切割成断续的光线，并被接收元件接收产生初始信号。该信号经后继电路处理后，输出脉冲或代码信号。

旋转编码器应用范围很广，如机器人系统、机械工具、汽车、电力、冶金、纺织、电梯、印刷、航空航天、船舶、兵器、电子、冶金、矿山、油田、水利、化工、轻工、伺服控制系统、建筑等领域的角度、位置检测系统中。

2. 旋转编码器的使用方法

在使用旋转编码器时，注意 A 相和 B 相的区分，在编程时，如果改变了 A 相和 B 相的接线，PLC 正交计数的方向就会有变化。同时，可以根据旋转编码器每圈所发的脉冲数，结合同步轮的周长，计算出每个脉冲所对应的距离；同理，也可计算出一定距离所对应的脉冲数。

二、比较指令的应用

比较指令是一种数据处理指令，用来比较两个数 IN1 和 IN2 的大小，在梯形图中，比较指令用触点的形式表示，满足比较关系式给出的条件时，触点接通。各种比较触点指令如图 4—2—3 所示。

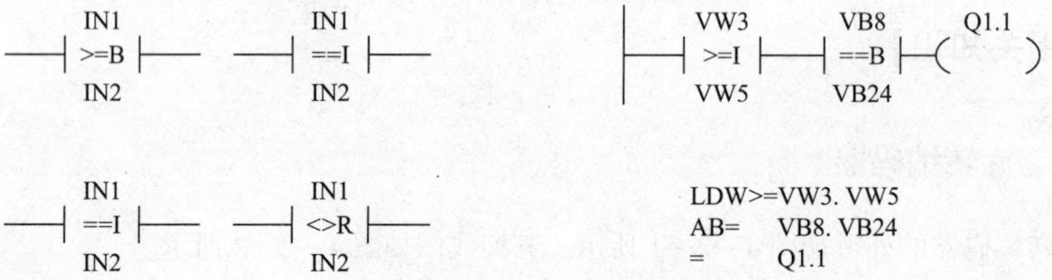

图 4—2—3　比较触点指令

触点中间的"="" < >""＞"">=""<""<="分别表示等于、不等于、大于、大于等于、小于和小于等于的关系，B、I、D、R、S 分别表示字节、字、双字、实数（浮点数）和字符串比较。

三、高速计数器

普通计数器受 CPU 扫描速度的影响，是按照顺序扫描的方式进行工作的。在每个扫描周期中，对计数脉冲只能进行一次累加；对于脉冲信号的频率比 PLC 的扫描频率高时，如果仍采用普通计数器进行累加，必然会丢失很多输入脉冲信号。在 PLC 中，对比扫描频率高的输入信号的计数也可使用高速计数器指令来实现。

在本任务中将学习利用 S7 - 200 PLC 软件自带"指令向导"完成高速计数器的配置，并将生成的高速计数器子程序应用于相关编程中。

1. 高速计数器参数

（1）高速计算器的工作模式和输入端的关系及说明见表4—2—1。

表4—2—1　　　　高速计算器的工作模式和输入端的关系及说明

	功能及说明	占用的输入端子及其功能			
HSC编号及其对应的输入端子 HSC模式	HSC0	I0.0	I0.1	I0.2	X
	HSC1	I0.6	I0.7	I1.0	I1.1
	HSC2	I1.2	I1.3	I1.4	I1.5
	HSC3	I0.1	X	X	X
	HSC4	I0.3	I0.4	I0.5	X
	HSC5	I0.4	X	X	X
0	单路脉冲输入的内部方向控制加/减计数。控制字SM37.3=0，减计数；SM37.3=1，加计数	脉冲输入端	X	X	X
1			X	复位端	X
2			X	复位端	启动
3	单路脉冲输入的外部方向控制加/减计数。控制方向端=0，减计数；控制方向端=1，加计数	脉冲输入端	方向控制端	X	X
4				复位端	X
5				复位端	启动
6	两路脉冲输入的单相加/减计数。加计数端脉冲输入，加计数；减计数端脉冲输入，减计数	加计数脉冲输入端	减计数脉冲输入端	X	X
7				复位端	X
8				复位端	启动
9	两路脉冲输入的双线正交计数。A相脉冲超前B相脉冲，加计数A相脉冲滞后B相脉冲，减计数	A相脉冲输入端	B相脉冲输入端	X	X
10				复位端	X
11				复位端	启动

（2）HSC0 ~ HSC5 初始值和预置值占用的特殊内部标识位存储区见表4—2—2。

表4—2—2　　　　HSC0 ~ HSC5 初始值和预置值占用的特殊内部标识位存储区

要装入的数值	HSC0	HSC1	HSC2	HSC3	HSC4	HSC5
初始值	SMD38	SMD48	SMD58	SMD138	SMD148	SMD158
预制值	SMD42	SMD52	SMD62	SMD142	SMD152	SMD162

2. 高速计数器的配置

（1）打开S7 – 200编程软件，点击"工具"，选择"指令向导"，在出现的新窗口"指令向导"中选中"HSC"，即配置高速计数器操作，并点击"下一步"，如图4—2—4所示。

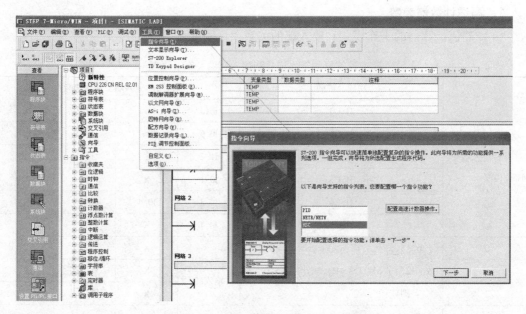

图 4—2—4 用指令向导打开高速计数器的配置

（2）在"HSC 指令向导"中选择希望配置的计数器及模式，本例中，以高速计数器 HC0 及模式 10 为例加以设置，相关含义可参看界面说明。设置完成后点击"下一步"，如图 4—2—5 所示。

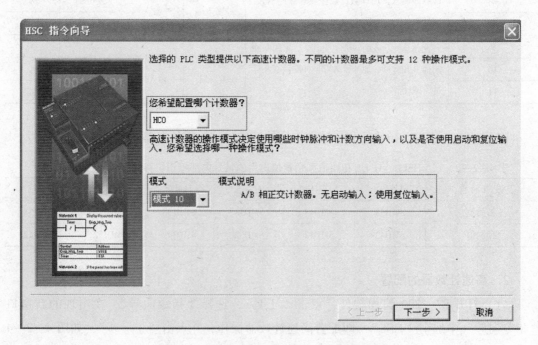

图 4—2—5 配置高速计数器编号及模式选择

（3）在出现的如图 4—2—6 所示的窗口中，如无特殊需求，可以不改变初始化选项的参数，并点击"下一步"直至高速计数器配置完成。

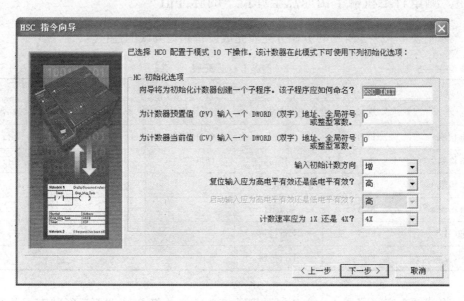

图 4—2—6　高速计数器初始化选项

（4）配置完成后便自动生成子程序，子程序内容可点击"HSC_ INT（SBR1）"查看，如图 4—2—7 所示。

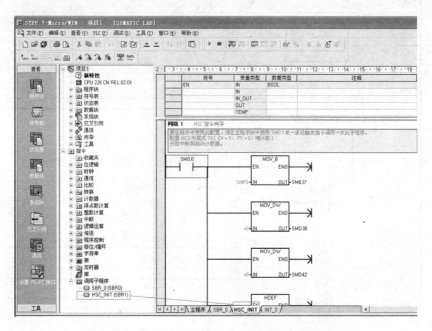

图 4—2—7　配置完成后自动生成的高速计数器子程序

说明：调用高速计数器子程序时，在主程序中应用 SM0.1 进行调用。

四、测量行走机械手由原点至库位一的脉冲值

1. 参照表 4—2—3 所列的 I/O 分配表完成设备相关导线的连接。

表 4—2—3 例题 I/O 分配表

输入			输出		
设备接线	地址	注释	设备接线	地址	注释
CH0 检测 1	I0.0	A 相	CH0 控制 5	Q0.0	下行
CH0 检测 2	I0.1	B 相	CH0 控制 6	Q0.1	上行
CH0 检测 3	I0.2	原点			
CH0 检测 4	I0.3	终点限位			
SB_1	I0.5	下行按钮			
SB_2	I0.6	上行按钮			

2. 将例题程序（见图 4—2—8）下载到 PLC 中，并将 PLC 调至运行状态，并按下上行按钮将行走机械手运行至原点限位处。

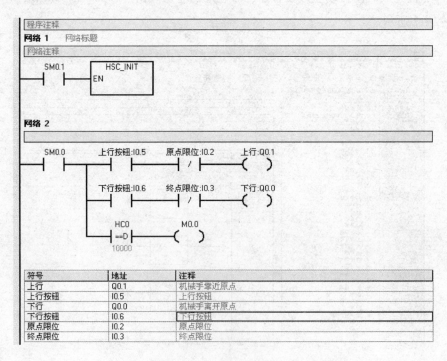

图 4—2—8 例题 PLC 梯形图

3. 记录由原点限位到库位一所需的脉冲数，图4—2—9所示的"所测脉冲数"便是行走机械手由原点限位到库位一的距离。编程时可利用此脉冲数使行走机械手到达该位置时停止运行。

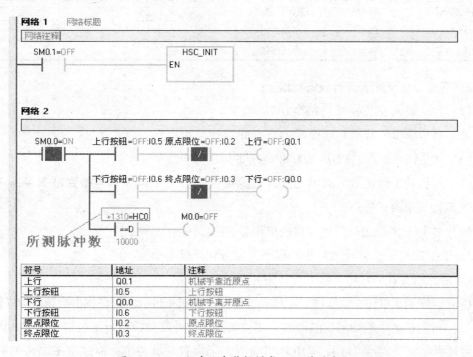

图4—2—9　程序状态监控模式 HC0 值的变化

先按上行按钮，当机械手到达原点后停止，观察监控状态下所测脉冲数是否归零，按下行按钮，使机械手下行到库位一停止，观察所测脉冲数，得到的脉冲数就是从原点到库位一所需的脉冲数。

【任务实施】

1. 依据题意写出 I/O 分配表，见表4—2—4。

表4—2—4　　　　　　　　　项目四任务二 I/O 分配表

输入			输出		
设备接线	地址	注释	设备接线	地址	注释
CH0 检测 1	I0.0	A 相	CH0 控制 5	Q0.0	机械手离开原点
CH0 检测 2	I0.1	B 相	CH0 控制 6	Q0.1	机械手靠近原点
CH0 检测 3	I0.2	原点	CH0 控制 1	Q0.2	机械手向右旋转
CH0 检测 4	I0.3	终点限位			

输入			输出		
设备接线	地址	注释	设备接线	地址	注释
CH0 检测 5	I0.4	手臂右限位			
SB_1	I0.5	启动按钮			
SB_2	I0.6	停止按钮			

2. 根据 I/O 分配表进行设备接线

（1）PLC 输入公共端 M 连接至 0 V。

（2）PLC 输出公共端 L 连接至 24 V，M 连接至 0 V。

（3）用 25 针数据线将 S7 – 200 和传送带传送与检测单元连接。

（4）对传送带传送与检测单元进行电源接线，将 "+24 V" 连接到电源 +24 V，将 "0 V" 连接到电源 0 V。

（5）对 PLC 系统进行供电，供电电压为 24 V。

3. 根据控制要求编写 PLC 控制程序，参考程序见附录五。

4. 将已编写好的程序下载到设备中并调试

（1）程序调试可在编程软件 "程序状态监控" 模式下进行，以便找出问题点加以修改。

（2）行走机械手精确定位的调整：用检测到的脉冲参数控制行走机械手停止在库位一时，通过程序状态监控可以看到 HC0 当前值大于设置的脉冲值，而这个多出来的脉冲数造成行走机械手运行的误差，编程时需加以注意。

注意事项：

● 在机械手行走过程中，行走机械手升降气缸一直处于伸出状态，如行走机械手碰到传感器或者气管，应立即按下停止或急停按钮。

● 升降气缸处于下降位置时不允许机械手前后行走，在机械手行走过程中应尽量避免机械手的手臂处于左侧位置，以避免机械手的手臂碰到其他物体。

【任务扩展】

利用行走机械手与仓库单元、S7 – 200 PLC 模块实现下述控制要求：设备上电后，行走机械手回到初始状态，如果行走机械手不在原点，则自动回到原点限位，机械手的手臂处于右侧。按下启动按钮，机械手下行至一号库位，停留 3 s，然后下行到三号库位，停留 5 s 后上行至二号库位，停留 2 s 后下行至四号库位，停留 4 s 后上行至原点限位，再次按下启动按钮，设备可再次启动。

【任务评价】（见表 4—2—5）

表 4—2—5　　　　　　用 PLC 实现行走机械手的精确定位任务评价表

班级：_____　姓名：_____　学号：_____　成绩：_____

序号	课题内容	考核要求	配分	评分标准	扣分	得分
1	I/O 分配表设计	1. 根据设计功能要求，正确分配输入点和输出点　2. 能根据任务要求，正确分配各种 I/O 量	15	1. 设计的点数与系统要求功能不符每处扣 2 分　2. 功能标注不清楚每处扣 2 分　3. 少标、错标、漏标每处扣 2 分		
2	程序设计	1. PLC 程序能正确实现系统控制功能　2. 梯形图程序及程序清单正确、完整	30	1. 梯形图程序未实现某项功能，酌情扣 5~10 分　2. 梯形图画法不符合规定，程序清单有误，每处扣 2 分　3. 梯形图指令运用不合理每处扣 2 分		
3	程序输入及调试	1. 指令输入熟练、正确　2. 程序编辑、调试方法正确	40	1. 指令输入方法不正确，每提醒一次扣 2 分　2. 程序编辑方法不正确，每提醒一次扣 2 分　3. 调试方法不正确，每提醒一次扣 2 分		
4	安全生产	按国家颁布的安全生产法规或企业规定考核	15	1. 每违反一项规定从总分中扣除 2 分（总扣分不超过 10 分）　2. 发生重大事故取消考试资格		
学生任务实施过程的小结及反馈：						
教师点评：						

任务三 用 PLC 实现行走机械手的
精确定位及货物搬运控制

【任务描述】

利用行走机械手与仓库单元、S7 – 200 PLC 模块实现下述控制要求：设备上电后，行走机械手回到初始状态，若行走机械手不在原点，则自动回到原点限位，机械手的手臂处于右侧。按下启动按钮后，设备处于运行状态，当人工将料块放到一号库位时，行走机械手下行至一号库位将料块抓起，机械手的手臂先左转再下行至中转库位，将料块放下后，行走机械手的手臂右转，然后上行回到原点限位，若二号库位有料块，则行走机械手将二号库位的料块运送至中转库位，完成后上行回到原点限位。

要求：按下停止按钮后，行走机械手完成当前工作流程后回到原点限位。

说明：

1. 一号和二号库位不存在同时有料块的状态。

2. 完成一个库位的料块运送后才能进行下一个库位的料块运送（下一个库位可以是一号库也可以是二号库）。

3. 中转库的位置处于一号和二号库位之间。

4. 若中转库有料块，由人工立即取走。

5. 机械手左右旋转气缸电磁阀不可长时间接通，以免因过热而损坏元件。

【任务分析】

本任务是在行走机械手实现精确定位的前提下，加入了机械手夹料、放料的环节，从题意可知夹料、放料环节重复出现，那么如果只在主程序里编程，程序将显得过于冗长，通过学习子程序将会很好地解决这些问题。

【相关知识】

一、子程序的应用

在编写程序时，有的程序段需要多次重复使用。这样的程序段可以编一个子程序，在满足执行条件时，从主程序转去执行子程序，子程序执行完毕，再返回继续执行主程序。

1．基本形式

子程序梯形图格式和语句表如图 4—3—1 所示。

说明：S7 – 200 PLC 编程软件自带子程序返回功能，在此不再介绍子程序返回指令。

```
      ┌─────────┐
      │  SBR_0  │
    ──┤EN       │
      └─────────┘
```

CALL   SBR_0:SBRO

图 4—3—1　子程序梯形图格式和语句表

2．调用方法

如图 4—3—2 所示，可以在图中①处找到"SBR_0（SBR0）"，将其直接拖拽到主程序编程所需处，点击图中②处则可以进入子程序编程界面，如需返回主程序，则直接点击图中③处主程序；同时，子程序的改名可以在图中②处点击右键进行。

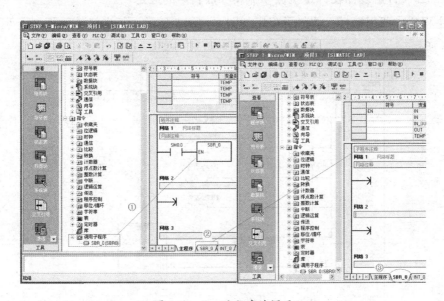

图 4—3—2　子程序的调用

二、RS 和 SR 指令的应用

1．RS 指令

复位优先触发器（RS）是一种复原主要位的锁存器。如果设置（S）和复原（R1）信号均为真实，则输出（OUT）为虚假，如图 4—3—3 所示。

按下 I0.0，Q0.1 置 1，按下 I0.1，Q0.1 复位。若在按住 I0.0 的情况下按 I0.1，Q0.1 处在"0"位，即 Q0.1 此时不接通。

2．SR 指令

置位优先触发器（SR）是一种设置主要位的锁存器。如果设置（S1）和复原（R）信号均为真实，则输出（OUT）为真实，如图 4—3—4 所示。

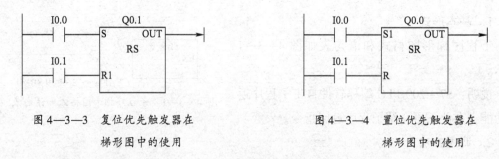

图4—3—3 复位优先触发器在
梯形图中的使用

图4—3—4 置位优先触发器在
梯形图中的使用

按下 I0.0，Q0.0 置 1，按下 I0.1，Q0.0 复位。若在按住 I0.1 的情况下按 I0.0，Q0.0 处在 1 的状态。

3．RS、SR 触发器在行走机械手抓料和放料中的应用

在主程序中调用抓料、放料子程序如图4—3—5 所示，行走机械手抓料子程序如图4—3—6 所示。

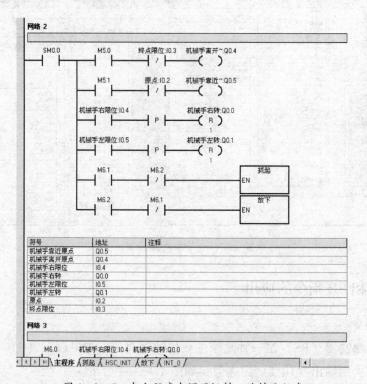

图4—3—5 在主程序中调用抓料、放料子程序

程序说明：当机械手需要抓起动作时，置位抓起标志位 M6.1，抓起子程序得电，机械手下降，T37 开始计时，1 s 时机械手夹紧，2.5 s 时机械手上升，3.1 s 时复位抓起标志位 M6.1 和计数器 T37。在主程序中，可以在 T37 计时到 3 s 时，用比较指令表示机械手抓起动作的完成。

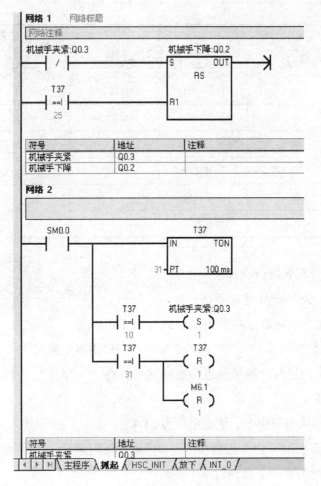

图4—3—6　行走机械手抓料子程序

【任务实施】

1. 依据题意写出 I/O 分配表，见表4—3—1。

表4—3—1　　　　　　　　　　项目四任务一 I/O 分配表

输入			输出		
设备接线	地址	注释	设备接线	地址	注释
CH0 检测 1	I0.0	A 相	CH0 控制 1	Q0.0	机械手向右旋转
CH0 检测 2	I0.1	B 相	CH0 控制 2	Q0.1	机械手向左旋转
CH0 检测 3	I0.2	原点	CH0 控制 3	Q0.2	机械手下降
CH0 检测 4	I0.3	终点限位	CH0 控制 4	Q0.3	手抓夹紧

续表

输入			输出		
设备接线	地址	注释	设备接线	地址	注释
CH0 检测 5	I0.4	手臂右限位	CH0 控制 5	Q0.4	机械手离开原点
CH0 检测 6	I0.5	手臂左限位	CH0 控制 6	Q0.5	机械手靠近原点
CH0 检测 7	I0.6	库 1			
CH0 检测 8	I0.7	库 2			
SB_1	I1.0	启动按钮			
SB_2	I1.1	停止按钮			

2．根据 I/O 分配表进行设备接线

（1）PLC 输入公共端 M 连接至 0 V。

（2）PLC 输出公共端 L 连接至 24 V，M 连接至 0 V。

（3）用 25 针数据线将 S7 - 200 和传送带传送与检测单元连接。

（4）对传送带传送与检测单元进行电源接线，将"＋24 V"连接到电源 ＋24 V，将"0 V"连接到电源 0 V。

（5）对 PLC 系统进行供电，供电电压为 24 V。

3．根据控制要求编写 PLC 控制程序，参考程序见附录五。

4．将已编写好的程序下载到设备中并调试

（1）程序调试可在编程软件"程序状态监控"模式下进行，以便找出问题点加以修改。

（2）行走机械手动作气缸的调整。手动按下气缸电磁换向阀手动控制按钮，观察各气缸动作是否到位，伸出/缩回是否流畅，有无冲击，并适当调节节流阀使气缸动作平稳、有效。

注意事项：

● 在机械手行走过程中，行走机械手升降气缸一直处于伸出状态，如行走机械手碰到传感器或者气管，应立即按下停止或急停按钮。

● 升降气缸处于下降位置时不允许机械手前后行走，在机械手行走过程中尽量避免机械手的手臂处于左侧位置，以避免机械手的手臂碰到其他物体。

【任务扩展】

利用行走机械手与仓库单元、S7 – 200 PLC 模块实现下述控制要求：设备上电后，行走机械手回到初始状态，若行走机械手不在原点，则自动回到原点限位，机械手的手臂处于右侧。按下启动按钮后，设备处于运行状态，当人工将料块放到中间库位时，行走机械手左转并下行至中间库位将料块抓起，机械手的手臂先右转再下行至 1 ~ 4 任意一无料库位，将料块放下后，行走机械手上行回到原点限位，再次向中间库放料块可继续运送料块至无料库位，当四个库位全满时，红色指示灯闪烁，此时再次向中间库放料块，机械手不搬运并停在原点，待人工将库位的料块清空后，再次按下启动按钮，红色指示灯熄灭，机械手再次运行。按下停止按钮后，行走机械手完成当前工作流程后回到原点限位。

【任务评价】（见表 4—3—2）

表 4—3—2　　用 PLC 实现行走机械手的精确定位及货物搬运控制任务评价表

班级：_____ 姓名：_____ 学号：_____ 成绩：_____

序号	课题内容	考核要求	配分	评分标准	扣分	得分
1	I/O 分配表设计	1. 根据设计功能要求，正确分配输入点和输出点 2. 能根据任务要求，正确分配各种 I/O 量	15	1. 设计的点数与系统要求功能不符每处扣 2 分 2. 功能标注不清楚每处扣 2 分 3. 少标、错标、漏标每处扣 2 分		
2	程序设计	1. PLC 程序能正确实现系统控制功能 2. 梯形图程序及程序清单正确、完整	30	1. 梯形图程序未实现某项功能，酌情扣 5 ~ 10 分 2. 梯形图画法不符合规定，程序清单有误，每处扣 2 分 3. 梯形图指令运用不合理每处扣 2 分		

续表

序号	课题内容	考核要求	配分	评分标准	扣分	得分
3	程序输入及调试	1. 指令输入熟练、正确 2. 程序编辑、调试方法正确	40	1. 指令输入方法不正确，每提醒一次扣2分 2. 程序编辑方法不正确，每提醒一次扣2分 3. 调试方法不正确，每提醒一次扣2分		
4	安全生产	按国家颁布的安全生产法规或企业规定考核	15	1. 每违反一项规定从总分中扣2分（总扣分不超过10分） 2. 发生重大事故取消考试资格		

学生任务实施过程的小结及反馈：

教师点评：

项目五

切削加工单元实操训练

实训内容

1. 用 PLC 控制步进电动机的启动与停止。

2. 步进电动机的单轴控制。

3. 步进电动机的双轴控制。

实训目标

1. 掌握步进电动机的工作原理及相关参数。

2. 学会步进电动机驱动器的调试方法。

3. 掌握西门子传送指令和脉冲输出指令的使用方法。

4. 掌握高速脉冲控制程序的编写方法。

5. 学会用位置控制向导，完成高速脉冲操作的配置。

6. 学会配置位置控制向导中电动机连续运转和包络的配置。

7. 学会位置控制向导配置后生成子程序的调用。

实训设备 （见表5—1）

表5—1 切削加工单元实操训练所需部件清单

序号	名称	数量
1	TVT – METSA – T 设备主体	一套
2	切削加工单元	一套
3	S7 – 200 PLC 模块	一块
4	S7 – 200 编程电缆	一根
5	连接导线	若干
6	25 针数据线	一根

任务一　用 PLC 控制步进电动机的启动与停止

【任务描述】

利用切削加工单元、S7 – 200 PLC 模块实现下述控制要求：系统上电后，设备自动复位，即 X 轴上工位回到原点限位，按下启动按钮，X 轴工位在原点限位与终点限位间做往返运动，若按下停止按钮，步进电动机立刻停止运行，再次按下启动按钮可以继续运行。

要求：将 X 轴步进电动机驱动器的电流设置为 2.4 A，将细分设置为 4 细分。

【任务分析】

从本任务来看，编写 PLC 控制程序较简单，涉及的新知识主要为步进电动机的相关知识，学会步进电动机的使用及如何编写程序控制步进电动机的运行可以顺利地完成本任务。

【相关知识】

一、所用部件的介绍

切削加工单元由 X 轴、Y 轴、Z 轴组成，X 轴与 Y 轴由步进电动机组成，可进行精确定位，Z 轴由升降气缸和直流电动机组成，三轴配合进行切削加工，其结构如图 5—1—1 所示。

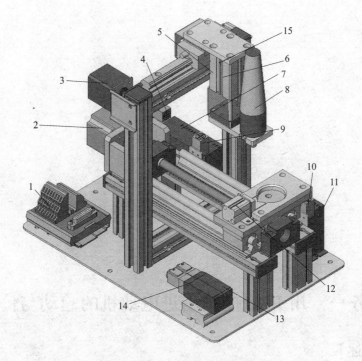

图 5—1—1 设备外形结构

1—中继器 YF1301 接口模块　2—X 轴步进电动机（D‑Ml）　3—Y 轴步进电动机（D‑M2）　4—Y 轴原点（D‑SQ3）

5—Y 轴限位（D‑SQ4）　6—升降气缸（D‑YVl）　7—X 轴步进电动机驱动器　8—Z 轴电动机（D‑M3）

9—X 轴限位（D‑SQ2）　10—X 轴原点（D‑SQ1）　11—Y 轴步进电动机驱动器

12—工作台夹紧气缸（D‑YV1）　13—夹紧电磁阀（D‑YV1）

14—升降电磁阀（D‑YV2）　15—Z 轴原点（D‑SQ5）

二、步进电动机

步进电动机是将电脉冲信号转变为角位移或线位移的开环控制元件。在非超载的情况下，电动机的转速、停止的位置只取决于脉冲信号的频率和脉冲数，而不受负载变化的影响，当步进驱动器接收到一个脉冲信号时，它就驱动步进电动机按设定的方向转动一个固定的角度，旋转大小是以固定的角度一步一步运行的。可以通过控制脉冲个数来控制角位移量，从而达到准确定位的目的；同时，可以通过控制脉冲频率来控制电动机转动的速度和加速度，从而达到调速的目的。

1. 步进电动机参数

在切削加工单元中，X 轴和 Y 轴丝杠由步进电动机拖动，X 轴、Y 轴步进电动机的主要参数见表 5—1—1。

表 5—1—1 X 轴、Y 轴步进电动机的主要参数

序号	永磁低速同步电动机（森创）		
1	轴向	X 轴同步电动机	Y 轴同步电动机
2	型号	42BYG250C	56BYG250C
3	相数	2	2
4	步距角（°）	1.8	1.8
5	静态相电流（A）	1.5	2.4
6	保持转矩（N·m）	1	1
7	定位转矩（N·m）	0.04	0.04
8	空载启动频率（kHz）	2.5	2.5
9	转动惯量（g·cm²）	200	200

2. 步进电动机驱动器

步进电动机驱动器的外形如图 5—1—2 所示。

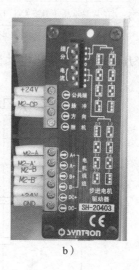

a)   b)

图 5—1—2   步进电动机驱动器的外形

a）驱动器实物外形   b）驱动器参数设置及接端子面板

    步进电动机驱动器是一种将电脉冲转化为角位移的执行机构。当步进驱动器接收到一个脉冲信号时，它就驱动步进电动机按设定的方向转动一个固定的角度（称为"步距角"），它的旋转是以固定的角度一步一步运行的。可以通过控制脉冲个数来控制角位移量，从而达到准确定位的目的；同时，可以通过控制脉冲频率来控制电动机转动的速度和加速度，从而达到调速和定位的目的。

提示：

　　步进电动机与步进电动机驱动器构成步进电动机驱动系统。步进电动机驱动系统的性能不但取决于步进电动机自身的性能，也取决于步进电动机驱动器的优劣。

　　在项目五中所用步进电动机驱动器为两相混合式步进电动机细分驱动器（森创 SH – 20403）。

　　（1）步进电动机驱动器的电气性能（环境温度 $T_J = 25℃$ 时）见表5—1—2。

表5—1—2　　　　　　　　　　步进电动机驱动器的电气性能

供电电源	10 ~ 40 V DC，容量为 0.03 kV·A
输出电流	峰值3 A/相（峰值）（电流可由面板拨码开关设定）
驱动方式	恒相流 PWM 控制
励磁方式	整步、半步、4细分、8细分、16细分、32细分、64细分
绝缘电阻	在常温常压下大于100 MΩ
绝缘强度	在常温常压下 0.5 kV，1 min

　　（2）森创 SH – 20403 型步进电动机驱动器典型接线图如图5—1—3所示。

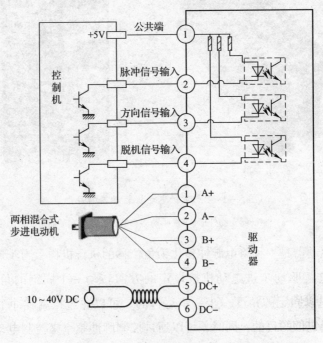

图5—1—3　森创 SH – 20403 型步进电动机驱动器典型接线图

提示:

为了更好地使用该驱动器,用户在进行系统接线时应遵循功率线(电动机相线、电源线)与弱电信号线分开的原则,以避免控制信号被干扰。在无法分别布线或有强干扰源(变频器、电磁阀等)存在的情况下,最好使用屏蔽电缆传送控制信号;另外,采用较高电平的控制信号对抵抗干扰也有一定的意义。

(3)输出电流选择。森创 SH – 20403 型步进电动机驱动器最大输出电流值为 3 A/相(峰值),通过驱动器面板上六位拨码开关的第 5、6、7 三位可组合出八种状态,对应八种输出电流,从 0.9 ~ 3 A,以配合不同的电动机使用,见表 5—1—3。

表 5—1—3　　　　　　　　　　电流大小的选择

5	6	7		5	6	7		5	6	7		5	6	7	
ON	ON	ON	0.9 A	ON	OFF	ON	1.5 A	ON	ON	OFF	1.2 A	ON	OFF	OFF	1.8 A
OFF	ON	ON	2.1 A	OFF	OFF	ON	2.7 A	OFF	ON	OFF	2.4 A	OFF	OFF	OFF	3 A

(4)细分选择。本驱动器可提供整步、半步、4 细分、8 细分、16 细分、32 细分和 64 细分七种运行模式,利用驱动器面板上六位拨码开关的第 1、2、3 三位可组合出不同的状态,见表 5—1—4。

注:面板丝印上的白色方块对应开关的实际位置。

表 5—1—4　　　　　　　　　　细分模式的选择

1	2	3		1	2	3		1	2	3		1	2	3	
ON	ON	ON	保留	ON	OFF	ON	32 细分	ON	ON	OFF	8 细分	ON	OFF	OFF	半步
OFF	ON	ON	64 细分	OFF	OFF	ON	16 细分	OFF	ON	OFF	4 细分	OFF	OFF	OFF	整步

(5)步进细分的算法

1)步进电动机的步距角。如步距角为 1.8°,则一个圆周 360°/1.8° = 200,也就是说 200 个脉冲电动机旋转一周。

2)驱动器提供的细分模式。如提供 4 细分模式,则承上所述,200 × 4 = 800,也就是说 800 个脉冲电动机才旋转一周。

3）一周的导程。如果是丝杠，螺距×螺纹头数＝导程，如果是齿轮齿条传动，分度圆直径（mz）即为导程，导程/800＝一个脉冲的线位移。

三、数据传送指令

数据传送指令可用来在各存储单元之间进行一个或多个数据的传送，传送过程中数据值保持不变。根据每次数据传输的多少，可以分为单一传送指令和数据块传送指令。本任务以单一传送指令为例加以学习。

1. 数据类型

对于操作数的形式做以下约定：

（1）位（bit）。其常称为 BOOL（布尔型），只有两个值：0 或 1。如 I0.0、Q0.1、M0.0、V0.1 等。

（2）字节型（Byte）。其包括 VB、IB、QB、MB、SB、SMB、LB、AC、＊VD、＊LD、＊AC 和常数。

（3）字型（Word）和整数（INT）型。其包括 VW、IW、QW、MW、SW、SMW、LW、AC、T、C、＊VD、＊LD、＊AC 和常数。

（4）双字型（Double Word）及双整数（DINT）型。其包括 VD、ID、QD、MD、SD、SMD、LD、AC、＊VD、＊LD、＊AC 和常数。

（5）浮点数（R）。浮点数32位可用来表示小数。

其中一个字节（Byte）等于8位（bit）；一个字等于两个字节，即16位；一个双字等于两个字，即32位；而浮点数与双字型数据长度相等，均为32位。

2. QB0 的含义

如图5—1—4所示，QB0代表由Q0.0到Q0.7共八个位，其中Q0.0是低位，Q0.7是高位。

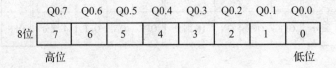

	Q0.7	Q0.6	Q0.5	Q0.4	Q0.3	Q0.2	Q0.1	Q0.0
8位	7	6	5	4	3	2	1	0
	高位							低位

图5—1—4　QB0 的含义

3. 单一传送指令

单一传送指令在梯形图中的格式如图5—1—5所示，调用时可在输入程序时按下 F9 键，并输入"MOV"便可找到。

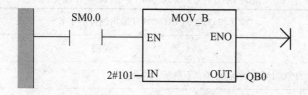

图 5—1—5 单一传送指令在梯形图中的格式

当按下 I0.0 时，移动字节指令便将二进制数 101 移动到 QB0 中，会看到 Q0.0 和 Q0.2 点位灯常亮。

四、高速脉冲输出指令

SIMATIC S7 – 200 PLC 具有高速脉冲输出功能，用来驱动负载实现精确控制，这在运动控制中具有广泛应用。S7 – 200 PLC 有两条高速脉冲输出指令：PTO（输出一个频率可调、占空比为 50% 的脉冲）和 PWM（输出占空比可调的脉冲）。使用高速脉冲输出功能时，PLC 主机应选用晶体管输出型，以满足高速输出的频率要求。

PTO 脉冲串功能可输出指定个数、指定周期的方波脉冲（占空比为 50%）。PWM 功能可输出脉宽变化的脉冲信号，用户可以指定脉冲的周期和宽度。若一台发生器指定给数字输出点 Q0.0 方向控制点 Q0.2，另一台发生器则指定给数字输出点 Q0.1 方向控制点 Q0.3。当 PTO、PWM 发生器控制输出时，将禁止输出点 Q0.0、Q0.1、Q0.2、Q0.3 的正常使用；当不使用 PTO、PWM 高速脉冲发生器时，输出点 Q0.0、Q0.1、Q0.2、Q0.3 恢复正常使用，即由输出映像寄存器决定其输出状态。

1. 脉冲输出（PLS）指令

脉冲输出（PLS）指令功能如下：使能有效时，检查用于脉冲输出（Q0.0 或 Q0.1）的特殊存储器位（SM），然后执行特殊存储器位定义的脉冲操作。脉冲输出指令格式如图 5—1—6 所示，其操作数 Q 通常为常量（即 0 或 1）。

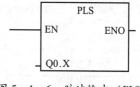

图 5—1—6 脉冲输出（PLS）
指令格式

2. 用于脉冲输出（Q0.0 或 Q0.1）的特殊存储器

（1）控制字节和参数的特殊存储器。每个 PTO、PWM 发生器都有一个控制字节（8位）、一个输出脉冲个数值（无符号的 32 位数值）以及一个周期时间和脉冲值（无符号的 16 位数值）。这些都放在特定的特殊存储器位（SM），见表 5—1—5。执行 PLS 指令时，S7 – 200 读这些特殊存储器位（SM），然后执行特殊存储器位定义的脉冲操作，即对相应的 PTO、PWM 发生器进行编程。

表 5—1—5　　　　　　　　脉冲输出（Q0.0 或 Q0.1）的特殊存储器

Q0.0 和 Q0.1 对 PTO/PWM 输出的控制字节

Q0.0	Q0.1	说明
SM67.0	SM77.0	PTO/PWM 刷新值，0：不刷新；1：刷新
SM67.1	SM77.1	PWM 刷新脉冲宽度值，0：不刷新；1：刷新
SM67.2	SM77.2	PTO 刷新脉冲计数值，0：不刷新；1：刷新
SM67.3	SM77.3	PTO/PWM 时基选择，0：μs；1：1 ms
SM67.4	SM77.4	PWM 更新方法，0：异步更新；1：同步更新
SM67.5	SM77.5	PTO 操作，0：单段操作；1：多段操作
SM67.6	SM77.6	PTO/PWM 模式选择，0：选择 PTO；1：选择 PWM
SM67.7	SM77.7	PTO/PWM 允许，0：禁止；1：允许

Q0.0 和 Q0.1 对 PTO/PWM 输出的周期值

Q0.0	Q0.1	说明
SMW68	SMW78	PTO/PWM 周期时间值（范围：2~65535）

Q0.0 和 Q0.1 对 PWM 输出的脉冲值

Q0.0	Q0.1	说明
SMD72	SMD82	PWM 脉冲宽度值（范围：0~65535）

Q0.0 和 Q0.1 对 PTO 脉冲输出的计数值

Q0.0	Q0.1	说明
SMD72	SMD82	PTO 脉冲计数值（范围：1~4294967295）

Q0.0 和 Q0.1 对 PTO 脉冲输出的多段操作

Q0.0	Q0.1	说明
SMB166	SMB176	段号（仅用于多段 PTO 操作），多段流水线 PTO 运行中的编号
SMW168	SMW178	包络表起始位置，用距离 VB8 的字节偏移量表示（仅用于多段 PTO 操作）

　　【例 1】 设置控制字节。用 Q0.0 作为高速脉冲输出，对应的控制字节为 SMB67，如果希望定义的输出脉冲操作为 PTO 操作，允许脉冲输出，多段 PTO 脉冲串输出，时基为 ms，设定周期值和脉冲数，则应向 SMB67 写入 2#10101101，即 16#AD。

　　通过修改脉冲输出（Q0.0 或 Q0.1）的特殊存储器 SM 区（包括控制字节），然后再执行 PLS 指令，PLC 就可发出所要求的高速脉冲。

注意事项：

所有控制位、周期、脉冲宽度和脉冲计数值的默认值均为零。向控制字节（SM67.7 或 SM77.7）的 PTO/PWM 允许位写入零，然后执行 PLS 指令，将禁止 PTO 或 PWM 波形的生成。

（2）状态字节的特殊存储器。除了控制信息外，还有用于 PTO 功能的状态位，见表 5—1—6。程序运行时，根据运行状态使某些位自动置位。可以通过程序来读取相关位的状态，用此状态作为判断条件，实现相应的操作。

表 5—1—6　　　　　　　　　　　　Q0.0 和 Q0.1 的状态位

Q0.0	Q0.1	说　明
SM66.4	SM76.4	PTO 包络由于增量计算错误异常终止，0：无错；1：异常终止
SM66.5	SM76.5	PTO 包络由于用户命令异常终止，0：无错；1：异常终止
SM66.6	SM76.6	PTO 流水线溢出，0：无溢出；1：溢出
SM66.7	SM76.7	PTO 空闲，0：运行中；1：PTO 空闲

【例 2】有一启动按钮接于 I0.0，停止按钮接于 I0.1。要求当按下启动按钮时，Q0.0 输出 PTO 高速脉冲，脉冲的周期为 30 ms，个数为 10 000 个。若输出脉冲过程中按下停止按钮，则脉冲输出立即停止。

编写单段管线 PTO，梯形图程序如图 5—1—7 所示。

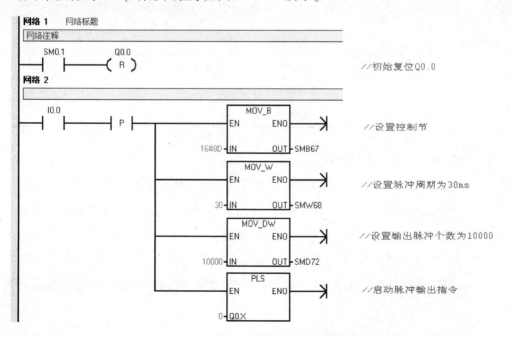

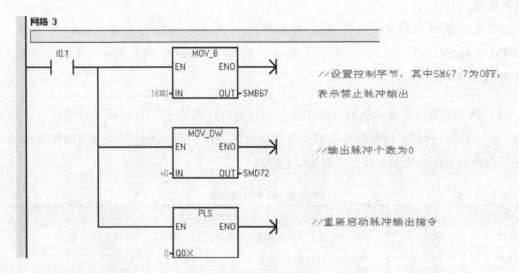

图 5—1—7 例 2 梯形图程序

【任务实施】

1. 依据控制要求写出 I/O 分配表，见表 5—1—7。

表 5—1—7 项目五任务一 I/O 分配表

输入			输出		
设备接线	地址	注释	设备接线	地址	注释
CH0 检测 1	I0.0	X 轴原点	CH0 控制 1	Q0.0	CP1
CH0 检测 2	I0.1	X 轴限位	CH0 控制 2	Q0.2	DIR1
SB_1	I0.2	启动按钮			
SB_2	I0.3	停止按钮			

2. 根据 I/O 分配表进行设备连线

（1）用 25 针数据线将 S7 - 200 PLC 模块与切削加工单元连接。

（2）依据接线柱的颜色完成 PLC 供电、I/O 供电及切削加工单元供电的电源连接，即红色接线柱为 24 V 正极，黑色接线柱为 24 V 负极。

（3）依据 I/O 分配表完成 PLC 输入、输出的连接。

3. 根据控制要求编写 PLC 控制程序，并将程序下载到 PLC 中。参考程序见附录五。

4. 设备调整

将 X 轴步进电动机驱动器的电流设置为 2.4 A，将细分设置为 4 细分，当步进电动机在左限位或右限位时，限位的电感传感器应有信号输出，如没有，应调整其间距，使其正常工作。

在"程序状态监控"模式下运行 PLC 程序，查看转盘运行是否满足任务要求，如不满足任务要求，应对 PLC 程序或"位置控制向导"模块进行修改，使其能满足任务控制要求。

注意事项：

● 在使用步进电动机时，不要让步进电动机进行长时间堵转，应检查步进电动机的左、右限位开关是否有效，如在限位处不能停止，则需要切断电源，防止电动机做超量程运行而过载。

● 在选择脉冲的输出频率时，注意步进电动机运行的声音，防止在步进电动机噪声很大的情况下做长时间运行。

【任务扩展】

利用切削加工单元、S7 - 200 PLC 模块实现下述控制要求：系统上电后，设备自动复位，即 X 轴上工位回到原点限位，按下启动按钮，X 轴工位运行至终点限位，停留 3 s 后回到原点限位，往复运动。若按下停止按钮，步进电动机立刻停止运行，再次按下启动按钮可继续运行。

【任务评价】（见表 5—1—8）

表 5—1—8　　　　　　　用 PLC 控制步进电动机的启动与停止任务评价表

			班级：_____ 姓名：_____ 学号：_____ 成绩：_____		

序号	课题内容	考核要求	配分	评分标准	扣分	得分
1	I/O 分配表设计	1. 根据设计功能要求，正确分配输入点和输出点 2. 能根据任务要求，正确分配各种 I/O 量	15	1. 设计的点数与系统要求功能不符每处扣 2 分 2. 功能标注不清楚每处扣 2 分 3. 少标、错标、漏标每处扣 2 分		

续表

序号	课题内容	考核要求	配分	评分标准	扣分	得分
2	程序设计	1. PLC 程序能正确实现系统控制功能 2. 梯形图程序及程序清单正确、完整	30	1. 梯形图程序未实现某项功能，酌情扣 5～10 分 2. 梯形图画法不符合规定，程序清单有误，每处扣 2 分 3. 梯形图指令运用不合理每处扣 2 分		
3	程序输入及调试	1. 指令输入熟练、正确 2. 程序编辑、调试方法正确	40	1. 指令输入方法不正确，每提醒一次扣 2 分 2. 程序编辑方法不正确，每提醒一次扣 2 分 3. 调试方法不正确，每提醒一次扣 2 分		
4	安全生产	按国家颁布的安全生产法规或企业规定考核	15	1. 每违反一项规定从总分中扣 2 分（总扣分不超过 10 分） 2. 发生重大事故取消考试资格		

学生任务实施过程的小结及反馈：

教师点评：

任务二　步进电动机的单轴控制

【任务描述】

利用切削加工单元、S7 – 200 PLC 模块实现下述控制要求：系统上电后，设备自动复位，即 X 轴工位以 1 500 脉冲/s 回到原点限位，X 轴工位以 2 000 脉冲/s 的速度远离原点限位 15 000 个脉冲，停留 1 s 后，以 2 000 脉冲/s 的速度接近原点 3 000 个脉冲，停留 2 s 后返回原点，再次按下启动按钮可再次运行。

要求：对 S7 – 200 PLC 编程软件中"位置控制向导"进行设置，并利用生成的子程序编程；将 X 轴步进电动机驱动器的电流设置为 2.4 A，将细分设置为 4 细分。

说明：X 轴原点限位在 X 轴轴向上，远离 X 轴电动机的限位。

【任务分析】

本任务需要利用软件"位置控制向导"实现其控制功能，其包含两个方面，即参数设置和位置控制子程序调用。

【相关知识】

一、"位置控制向导"参数设置

1. 打开"STEP 7 – Micro/WIN"软件，在"工具"中找到"位置控制向导"，如图 5—2—1 所示。在出现的新窗口下，选中"配置 S7 – 200 PLC 内置 PTO/PWM 操作"并点击"下一步"。

2. 选择"指定一个脉冲发生器"为 Q0.0，如图 5—2—2a 所示，并点击"下一步"，在出现的"选择 PTO 或 PWM"操作时，选择"线性脉冲串输出（PTO）"，并将"使用高速计数器 HSC0……"选中，如图 5—2—2b 所示，并点击"下一步"。

3. 在如图 5—2—3 所示的界面中对电动机速度进行设置，最高电动机速度设置为 10 000 脉冲/s；在运动包络中指定的最低速度为 500 脉冲/s；电动机启动/停止速度为 500 脉冲/s。设置完成后点击"下一步"。

4. 设置电动机从速度零升至最大速度所需时间及从最大速度降至速度零所需时间，示例给出的设置值为 20 ms，如图 5—2—4 所示。完成后，点击"下一步"，则出现新窗口"运动包络定义"，如图 5—2—5 所示。

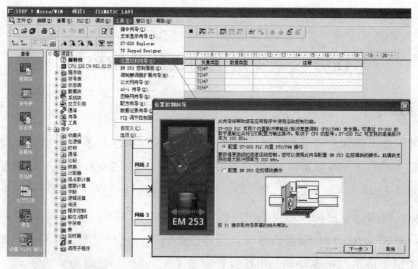

图 5—2—1　配置 S7 – 200 PLC 内置 PTO/PWM 操作

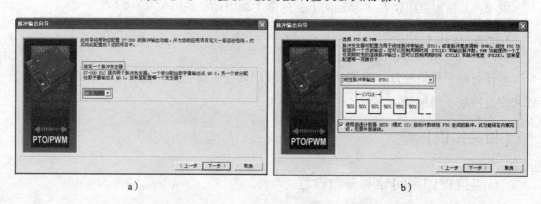

a)　　　　　　　　　　　　　　　　　　　　b)

图 5—2—2　配置脉冲输出向导设置

a) 指定一个脉冲发生器　b) "线性脉冲串输出 (PTO)" 模式的选择

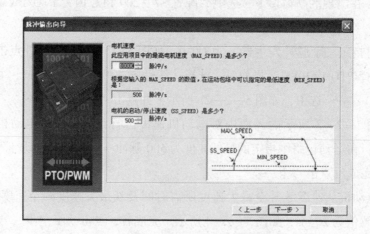

图 5—2—3　电动机速度参数的设置

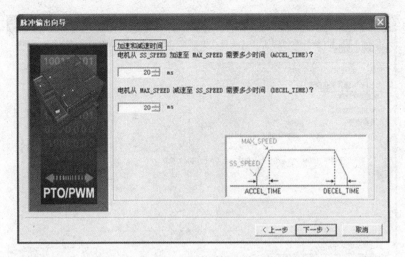

图 5—2—4　电动机加速和减速时间的设置

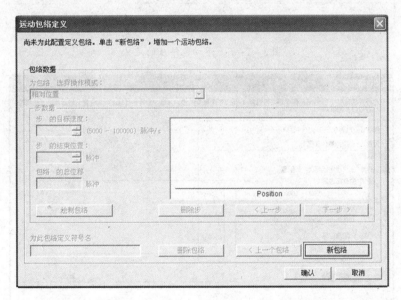

图 5—2—5　运动包络定义界面

5. 在窗口"运动包络定义"中，将包络 0 选择操作模式为"单速连续旋转"，目标速度改为"1 500"脉冲/s，即运行包络 0 时，电动机将以 1 500 脉冲/s 速度连续运行。完成后点击"新包络"，如图 5—2—6 所示。

6. 在包络 1 中选择操作模式为：相对位置，即从当前位置到设定终点位置的距离；修改"步 0 的目标速度"为 2 000，即在此段距离中电动机运行的速度；修改"步 0 的结束位置"为 15 000，即总位移为 15 000，完成后点击"新包络"，如图 5—2—7 所示。

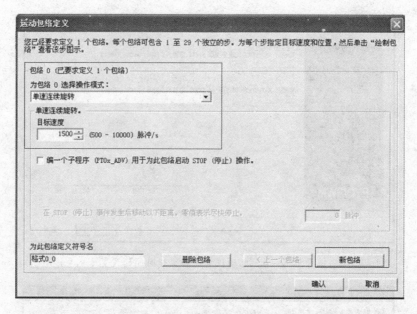

图5—2—6　运动包络0的定义

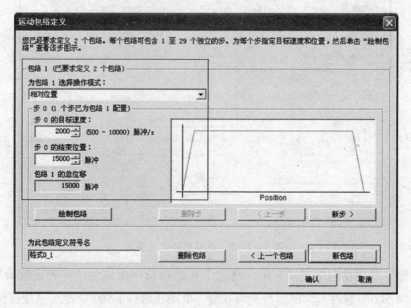

图5—2—7　运动包络1的定义

7. 用6中的方法，完成包络2的设置，如图5—2—8所示，完成后点击"确认"。

8. 设置"建议地址"时尽量大些，如图5—2—9所示，完成后点击"下一步"，在出现的窗口下点击"完成"从而完成"位置控制向导"的设定，如图5—2—10所示。

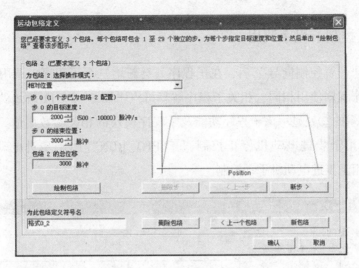

图 5—2—8　运动包络 2 的定义

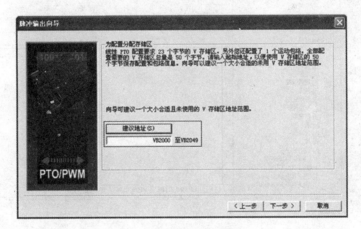

图 5—2—9　设置建议地址

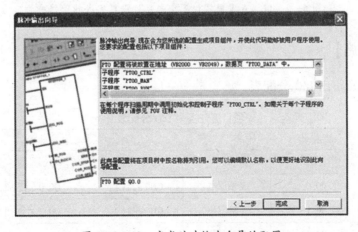

图 5—2—10　完成脉冲输出向导的配置

二、位置控制子程序调用

在设置完"位置控制向导"后,在子程序处会新增三个子程序,调用"位置控制子程序"与普通子程序使用相同,相关子程序解释可点击图5—2—11所示的①处查看,在图5—2—11所示的②处显示该子程序功能及子程序模块的相关参数用途。其中,子程序"PTO_CTRL"用于步进电动机停止控制,"PTO_RUN"用于步进电动机运行控制,"PTO_MAN"用于步进电动机手动控制。

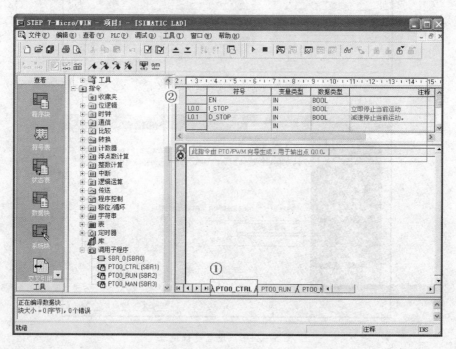

图5—2—11 查看用"位置空向导"设置完成的子程序

【任务实施】

1. 依据题意写出I/O分配表,见表5—2—1。

表5—2—1 项目五任务— I/O分配表

输入			输出		
设备接线	地址	注释	设备接线	地址	注释
CH0 检测 1	I0.0	X轴原点	CH0 控制 1	Q0.0	CP1
CH0 检测 2	I0.1	X轴限位	CH0 控制 2	Q0.2	DIR1
SB_1	I0.2	启动按钮			

2. 根据 I/O 分配表进行设备连线

（1）用 25 针数据线将 S7 – 200 PLC 模块与切削加工单元连接。

（2）依据接线柱颜色完成 PLC 供电、I/O 供电及切削加工单元供电的电源连接，即红色接线柱为 24 V 正极，黑色接线柱为 24 V 负极。

（3）依据 I/O 分配表完成 PLC 输入、输出的连接。

3. 根据控制要求设置"位置控制向导"并编写 PLC 控制程序，完成后将程序下载到 PLC 中，参考程序见附录五。

4. 设备调整。

将 X 轴步进电动机驱动器的电流设置为 2.4 A，将细分设置为 4 细分，当步进电动机在左限位或右限位时，限位的电感传感器应有信号输出，如没有，应调整其间距，使其正常工作。

在"程序状态监控"模式下，运行 PLC 程序，查看转盘运行是否满足任务要求，如不满足任务要求，则对 PLC 程序或"位置控制向导"模块进行修改，使其能满足任务控制要求。

注意事项：

● 在使用步进电动机时，不要让步进电动机进行长时间堵转，应检查步进电动机的左右限位开关是否有效，如在限位处不能停止，则需要切断电源，防止电动机做超量程运行而过载。

● 在选择脉冲的输出频率时，注意步进电动机运行的声音，请不要在步进电动机噪声很大的情况下做长时间运行。

【任务评价】（见表 5—2—2）

表 5—2—2 步进电动机的单轴控制任务评价表

班级：_____ 姓名：_____ 学号：_____ 成绩：_____

序号	课题内容	考核要求	配分	评分标准	扣分	得分
1	I/O 分配表设计	1. 根据设计功能要求，正确分配输入点和输出点 2. 能根据任务要求，正确分配各种 I/O 量	15 分	1. 设计的点数与系统要求功能不符每处扣 2 分 2. 功能标注不清楚，每处扣 2 分 3. 少标、错标、漏标，每处扣 2 分		

序号	课题内容	考核要求	配分	评分标准	扣分	得分
2	程序设计	1. PLC 程序能正确实现系统控制功能 2. 梯形图程序及程序清单正确完整	30 分	1. 梯形图程序未实现某项功能，酌情扣 5～10 分 2. 梯形图画法不符合规定，程序清单有误，每处扣 2 分 3. 梯形图指令运用不合理，每处扣 2 分		
3	程序输入及调试	1. 指令输入熟练、正确 2. 程序编辑、调试方法正确	40 分	1. 指令输入方法不正确，每提醒一次扣 2 分 2. 程序编辑方法不正确，每提醒一次扣 2 分 3. 调试方法不正确，每提醒一次扣 2 分		
4	安全生产	按国家颁布的安全生产法规或企业规定考核	15 分	1. 每违反一项规定，从总分中扣 2 分（总扣分不超过 10 分） 2. 发生重大事故取消考试资格		

学生任务实施过程的小结及反馈：

教师点评：

任务三　步进电动机的双轴控制

【任务描述】

利用切削加工单元、S7 – 200 PLC 模块实现下述控制要求。

1. 系统上电后设备自动回到初始状态（X 轴、Y 轴工位回到原点限位，卡料气缸缩回，钻孔电动机停止运行，钻孔气缸缩回），系统不在初始位置不能启动。

2. 按下启动按钮后，设备等待 5 s 放料时间，然后卡料气缸伸出，托盘工位在 X 轴步进电动机的带动下送到 Y 轴钻孔气缸正下方，Y 轴钻孔气缸在 Y 轴步进电动机的带动下送到 X 轴托盘工位正上方，钻孔气缸伸出，钻孔电动机进行钻孔加工 3 s，而后钻孔气缸缩回，托盘由步进电动机带回原点，卡料气缸缩回，完成后若没有按下停止按钮则重复上述工作过程。

3. 若在运行中按下停止按钮，则设备完成当前工件加工后停止。

要求：将 X 轴步进电动机驱动器的电流设置为 2.4 A，将细分设置为 4 细分。

说明：X 轴原点限位为在 X 轴轴向上，远离 X 轴电动机的限位；Y 轴原点限位为在 Y 轴轴向上，靠近 Y 轴电动机的限位。

【任务分析】

本任务是通过十字轴的配合，即通过 X 轴、Y 轴伺服电动机的配合，完成工件定位、加工的控制。编程时，既可单轴分别进行动作，也可双轴同时动作，可自行选择。

本任务是在前面两个任务的基础上进行的，基础知识在此不再讲解，如需查阅，请翻看前面内容。

【任务实施】

1. 依据题意写出 I/O 分配表，见表 5—3—1。

表 5—3—1　　　　　　　　　项目五任务三 I/O 分配表

输入			输出		
设备接线	地址	注释	设备接线	地址	注释
CH0 检测 1	I0.0	X 轴原点	CH0 控制 1	Q0.0	CP1
CH0 检测 2	I0.2	X 轴限位	CH0 控制 2	Q0.2	DIR1

续表

输入			输出		
设备接线	地址	注释	设备接线	地址	注释
CH0 检测 3	I0.1	Y 轴原点	CH0 控制 3	Q0.1	CP2
CH0 检测 4	I0.3	Y 轴限位	CH0 控制 4	Q0.3	DIR2
CH0 检测 5	I0.4	Z 轴原点	CH0 控制 5	Q0.5	工作台夹紧
SB_1	I0.5	启动按钮	CH0 控制 6	Q0.4	Z 轴下降
SB_2	I0.6	停止按钮	CH0 控制 7	Q0.6	钻运行

2. 根据 I/O 分配表进行设备连线

（1）用 25 针数据线将 S7 - 200 PLC 模块与切削加工单元连接。

（2）依据接线柱颜色完成 PLC 供电、I/O 供电及切削加工单元供电的电源连接，即红色接线柱为 24 V 正极，黑色接线柱为 24 V 负极。

（3）依据 I/O 分配表完成 PLC 输入、输出的连接。

3. 根据控制要求编写 PLC 控制程序，并将程序下载至 PLC。参考程序见附录五。

4. 设备调整。

将 X 轴步进电动机驱动器的电流设置为 2.4 A，将细分设置为 4 细分，当步进电动机在左限位或右限位时，限位的电感传感器应有信号输出，如没有，应调整其间距，使其正常工作。

在"程序状态监控"模式下，运行 PLC 程序，查看转盘运行是否满足任务要求，如不满足任务要求，则对 PLC 程序或"位置控制向导"模块进行修改，使其能满足任务控制要求。

注意事项：

● 在使用步进电动机时，不要让步进电动机进行长时间堵转，并应检查步进电动机的左右限位开关是否有效，如在限位处不能停止，则需要切断电源，防止电动机做超量程运行而过载。

● 在选择脉冲的输出频率时，注意步进电动机运行的声音，请不要在步进电动机噪声很大的情况下做长时间运行。

【任务评价】（见表5—3—2）

表5—3—2 步进电动机的双轴控制任务评价表

班级：_____姓名：_____学号：_____成绩：_____

序号	课题内容	考核要求	配分	评分标准	扣分	得分
1	I/O 分配表设计	1. 根据设计功能要求，正确分配输入点和输出点 2. 能根据任务要求，正确分配各种I/O量	15分	1. 设计的点数与系统要求功能不符每处扣2分 2. 功能标注不清楚，每处扣2分 3. 少标、错标、漏标，每处扣2分		
2	程序设计	1. PLC 程序能正确实现系统控制功能 2. 梯形图程序及程序清单正确完整	30分	1. 梯形图程序未实现某项功能，酌情扣5~10分 2. 梯形图画法不符合规定，程序清单有误，每处扣2分 3. 梯形图指令运用不合理，每处扣2分		
3	程序输入及调试	1. 指令输入熟练、正确 2. 程序编辑、调试方法正确	40分	1. 指令输入方法不正确，每提醒一次扣2分 2. 程序编辑方法不正确，每提醒一次扣2分 3. 调试方法不正确，每提醒一次扣2分		
4	安全生产	按国家颁布的安全生产法规或企业规定考核	15分	1. 每违反一项规定，从总分中扣2分（总扣分不超过10分） 2. 发生重大事故取消考试资格		

学生任务实施过程的小结及反馈：

教师点评：

项目六

多工位装配单元实操训练

实训内容

1. 伺服电动机及伺服驱动器的基本使用。

2. 用伺服电动机实现角度控制。

3. 多工位装配单元的综合控制。

实训目标

1. 了解多工位装配单元。

2. 了解伺服系统的组成。

3. 了解伺服电动机、伺服驱动器的用途及接线方法。

4. 学会用伺服驱动器软件修改伺服驱动器参数，并利用软件操作伺服电动机运行。

5. 掌握用位置控制向导完成角度控制的设置方法。

实训设备（见表6—1）

表6—1 多工位装配单元实操训练所需部件清单

序号	名称	数量
1	TVT - METSA - T 设备主体	一套
2	多工位装配单元	一套
3	S7 - 200 PLC 模块	一块
4	S7 - 200 编程电缆	一根
5	连接导线	若干
6	25 针数据线	一根
7	伺服驱动器电源线	一根
8	伺服驱动器数据传输线	一根

任务一　伺服电动机及伺服驱动器的基本使用

【任务描述】

利用多工位装配单元、S7 – 200 PLC 模块实现下述控制要求：学习多工位装配单元的组成，了解伺服电动机的工作原理，学会用伺服电动机驱动器软件进行"位置控制"模式参数的设置，通过软件自带"试运行"功能，检测电动机运行快慢与所设置参数的关系，并将电动机每旋转一次的指令脉冲设置为 1 000。

【任务分析】

本任务要求在对多工位装配单元组成有一定了解的情况下，学会伺服电动机及伺服驱动器的基本使用及常规参数的设置。

【相关知识】

一、多工位装配单元概述

多工位装配单元由推料机构、料井、工件固定机构、工件检测机构、多个装配工位、伺服系统、转盘、缓冲库模块等组成，可进行多工位的装配工作，检测机构可及时检测是否有待装配工件以及工件是否装配完毕，同时，配备了一个缓冲工位，可及时处理一些多出的待加工的工件或有异常的工件。其结构如图 6—1—1、图 6—1—2 所示。

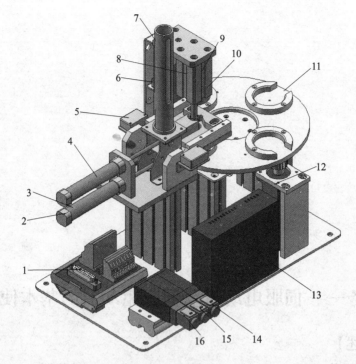

图 6—1—1　多工位装配单元结构

1—接口模块 YF1301　2—工件固定气缸（E‑YVl）　3—工件固定气缸原点（E‑SQ5）

4—料柱推出气缸（E‑YV2）　5—料塔内料柱检测（E‑SQ4）　6—料块有无检测（E‑SQ2）

7—料块内有无料柱检测（E‑SQ3）　8—压料柱气缸（E‑YV3）　9—压料柱气缸回位（E‑SQ6）

10—压料柱气缸到位（E‑SQ7）　11—转盘原点（E‑SQI）　12—伺服电动机（E‑M1）　13—伺服驱动器

14—压料柱电磁阀（E‑YV3）15—料柱推出电磁阀（E‑YV2）　16—工件固定电磁阀（E‑YV1）

图 6—1—2　缓冲库模块结构

1—缓冲库　2—缓冲库检测（E‑SQ8）　3—料块有无检测（E‑SQ2）　4—料块内有无料柱检测（E‑SQ3）

二、伺服系统

伺服系统（servo mechanism）又称随动系统，是用来精确地跟随或复现某个过程的反馈控制系统。伺服系统使物体的位置、方位、状态等输出被控量能够跟随输入目标（或给定值）任意变化的自动控制系统。

伺服系统主要由控制器（PLC）、伺服电动机、伺服驱动器三部分组成。如图6—1—3所示为伺服驱动器和伺服电动机。

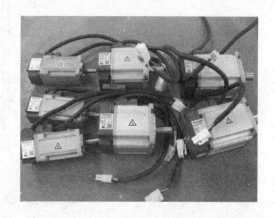

图6—1—3　伺服驱动器和伺服电动机

1. 松下伺服电动机

伺服电动机主要靠脉冲来定位，即伺服电动机接收到一个脉冲，就会旋转一个脉冲对应的角度，从而实现位移；同时，伺服电动机本身具备发出脉冲的功能，所以伺服电动机每旋转一个角度，都会发出对应数量的脉冲，这样，和伺服电动机接受的脉冲形成了呼应，或者称为闭环。如此一来，系统就会知道发了多少脉冲给伺服电动机，同时又收了多少脉冲回来，这样，就能够很精确地控制电动机的转动，从而实现精确的定位，其定位精度可达0.001 mm。在多工位装配单元中使用的伺服电动机型号为：MSMD012G1U（松下A5系列）。

2. 伺服驱动器

伺服驱动器（servo drives）又称为"伺服控制器""伺服放大器"，是用来控制伺服电动机的一种控制器，其作用类似于变频器作用于普通交流电动机，属于伺服系统的一部分，主要应用于高精度的定位系统。一般是通过位置、速度和力矩三种方式对伺服电动机进行控制，实现高精度的传动系统定位，目前是传动技术的高端产品。

在多工位装配单元中使用的伺服驱动器型号为：MADHT1505（松下 A5 系列）。

（1）松下伺服驱动器各部分的名称及功能，如图 6—1—4 所示。

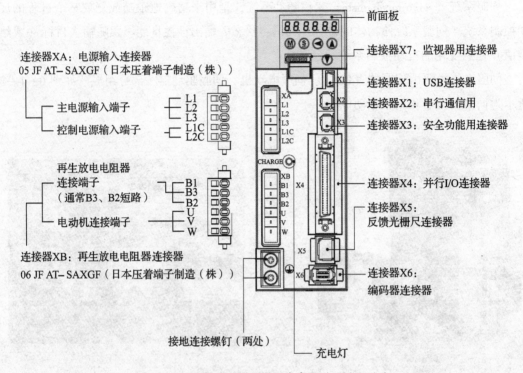

图 6—1—4　松下伺服驱动器各部分的名称及功能

（2）松下伺服驱动器软件。在设备中使用的伺服驱动器软件为：松下 AC 伺服驱动器 MINAS 系列用软件 PANATERM　Ver. 5. 0。

1）按照图 6—1—5 所示的提示完成软件的安装。

图 6—1—5　打开软件安装文件

2）在连接好数据线的前提下，打开软件，建立软件和伺服驱动器间的连接，如图 6—1—6 所示。

3）在软件参数修改界面中修改参数，如图 6—1—7 所示。

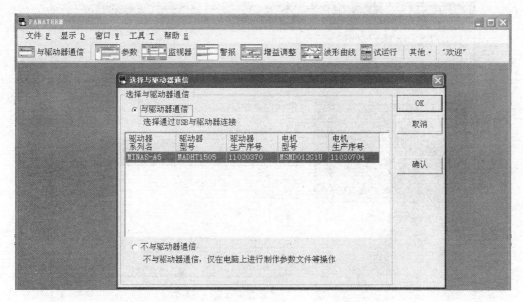

图 6—1—6　伺服驱动器 MINAS 系列用软件的主界面

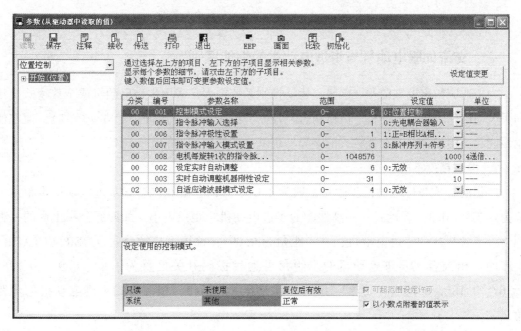

图 6—1—7　参数的修改

4）点击设备"至试运转"按键，如图 6—1—8 所示。在"试运转 – 运行范围设置"驱动伺服电动机的正、反转运动，结合参数中"电动机每旋转 1 次的指令脉冲个数"观察该脉冲个数对伺服电动机转动快慢的影响。

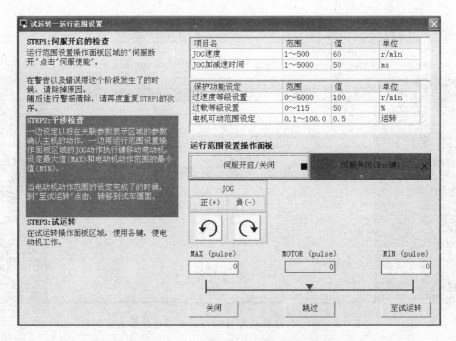

图 6—1—8　伺服电动机试运转操作界面

三、交流伺服电动机与步进电动机的性能区别

为了适应数字控制的发展趋势，运动控制系统中大多采用步进电动机或全数字式交流伺服电动机作为执行电动机。虽然两者在控制方式上相似（脉冲串和方向信号），但在使用性能和应用场合上存在着较大的差异。现就二者的使用性能作一比较。

1. 控制精度不同

两相混合式步进电动机步距角一般为 3.6°、1.8°，五相混合式步进电动机步距角一般为 0.72°、0.36°。也有一些高性能的步进电动机步距角更小。如四通公司生产的一种用于慢走丝机床的步进电动机，其步距角为 0.09°；德国百格拉公司（BERGERLAHR）生产的三相混合式步进电动机的步距角可通过拨码开关设置为 1.8°、0.9°、0.72°、0.36°、0.18°、0.09°、0.072°、0.036°，兼容了两相和五相混合式步进电动机的步距角。

交流伺服电动机的控制精度由电动机轴后端的旋转编码器保证。以松下全数字式交流伺服电动机为例，对于带标准 2500 线编码器的电动机而言，由于驱动器内部采用了四倍频技术，其脉冲当量为 $360°/10\ 000 = 0.036°$。对于带 17 位编码器的电动机而言，驱动器每接收 $2^{17} = 131\ 072$ 个脉冲电动机转一圈，即其脉冲当量为 $360°/131\ 072 = 9.89\ s$，是步距角为 1.8° 的步进电动机的脉冲当量的 1/655。

2. 低频特性不同

步进电动机在低速时易出现低频振动现象。振动频率与负载情况和驱动器性能有关，一般认为振动频率为电动机空载起跳频率的一半。这种由步进电动机的工作原理所决定的低频振动现象对于机器的正常运转非常不利。当步进电动机工作在低速时，一般应采用阻尼技术来克服低频振动现象，如在电动机上加阻尼器，或驱动器上采用细分技术等。

交流伺服电动机运转非常平稳，即使在低速时也不会出现振动现象。交流伺服系统具有共振抑制功能，可涵盖机械的刚性不足，并且系统内部具有频率解析机能（FFT），可检测出机械的共振点，便于系统调整。

3. 矩频特性不同

步进电动机的输出力矩随转速升高而下降，且在较高转速时会急剧下降，所以其最高工作转速一般在 300 ~ 600 r/min。

交流伺服电动机为恒力矩输出，即在其额定转速（一般为 2 000 r/min 或 3 000 r/min）以内，都能输出额定转矩，在额定转速以上为恒功率输出。

4. 过载能力不同

步进电动机一般不具有过载能力，交流伺服电动机具有较强的过载能力。以松下交流伺服系统为例，它具有速度过载和转矩过载能力。其最大转矩为额定转矩的三倍，可用于克服惯性负载在启动瞬间的惯性力矩。步进电动机因为没有这种过载能力，在选型时为了克服这种惯性力矩，往往需要选取较大转矩的电动机，而机器在正常工作期间又不需要那么大的转矩，便出现了力矩浪费的现象。

5. 运行性能不同

步进电动机的控制为开环控制，启动频率过高或负载过大易出现丢步或堵转的现象，停止时转速过高易出现过冲的现象，所以为保证其控制精度，应处理好升、降速问题。

交流伺服驱动系统为闭环控制，驱动器可直接对电动机编码器反馈信号进行采样，内部构成位置环和速度环，一般不会出现步进电动机的丢步或过冲的现象，控制性能更为可靠。

【任务实施】

1. 伺服系统硬件连接

（1）连接伺服驱动器与伺服电动机间电缆。

（2）连接伺服驱动器与计算机之间通信线。

（3）为伺服驱动器供电，连接其电源线。

（4）观察设备已有接线，学会其接线方式，并能绘制出其接线示意图。

2．伺服驱动器软件调试

（1）在完成设备硬件连接的前提下，打开软件，建立伺服驱动器与计算机之间的连接。

（2）参考【任务分析】中驱动器参数设置内容，对伺服驱动器参数进行修改。

（3）打开软件"试运行"功能，驱动伺服电动机进行正、反转运动。

（4）修改"电动机…脉冲个数"的数值，并驱动电动机运动，观察电动机运动快慢有何变化。

思考：测出转盘转动一周所需脉冲个数。

任务二　用伺服电动机实现角度控制

【任务描述】

利用多工位装配单元、S7－200 PLC 模块实现下述控制要求：系统上电后，圆盘自动回到原点，按下启动按钮，转盘正转 90°，停留 2 s 后转盘转动 180°，停留 5 s 后转盘转动 90°后停止，再次按下启动按钮设备可再次运行。

【任务分析】

本任务是关于用伺服电动机控制一定角度旋转的定位控制，即用脉冲个数驱动电动机进行运动，但是，伺服电动机不是直接驱动转盘进行旋转，而是通过伺服电动机与转盘间传送齿轮带动转盘做旋转运动，在任务中所提及的转盘旋转角度均以 90°为倍数进行变化，因此只需测出转盘转 90°所需脉冲数便可完成控制。

【相关知识】

一、高速脉冲输出指令（PTO/PWM 指令）

用"位置控制向导"直接进行相关参数及包络设置，如图 6—2—1 所示。具体细节见项目五任务二中【相关知识】。

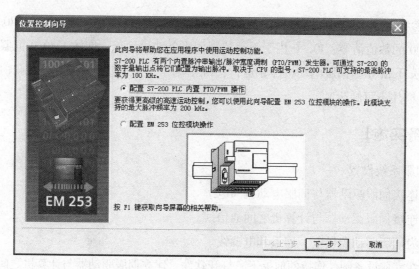

图 6—2—1 位置控制向导界面

二、测量转盘旋转 90°所需脉冲个数

1. 计算法

伺服电动机旋转一圈脉冲个数为 10 000，要求伺服电动机旋转 90°。那么所要动作的脉冲数值 = 10 000/（360°/90°）= 2 500。因伺服电动机不直接控制转盘，故此方法在此次任务中不采纳。

2. 实际测量法

在完成"位置控制向导"设置后，编写测试程序，在 S7 - 200 软件"程序状态监控模式"下，驱动转盘进行 90°旋转后，直接读取数值。参考程序如图 6—2—2 所示。

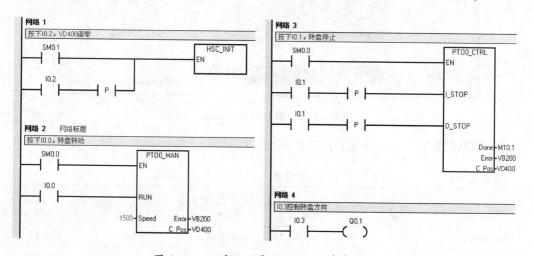

图 6—2—2 实际测量法所用 PLC 参考程序

PLC 参考程序中，VD400 显示的数值为实际伺服电动机发出的脉冲数值；I0.2 用于将当前 VD400 的数值清零；I0.0 用于手动控制伺服电动机运行，即按下 I0.0 伺服电动机开始运行，松开 I0.0 则伺服电动机停止运行；I0.1 用于伺服电动机的停止控制（此 "PTO0_CTRL" 模块不可缺少）。

【任务实施】

1. 伺服系统设置

（1）连接伺服驱动器与伺服电动机间电缆。

（2）连接伺服驱动器与计算机之间通信线。

（3）为伺服驱动器供电，连接其电源线。

（4）在完成设备硬件连接的前提下，打开软件，建立伺服驱动器与计算机之间的连接。

（5）修改伺服驱动器参数，如图 6—2—3 所示。并将参数传送至伺服驱动器，完成后拆除伺服驱动器与计算机之间的通信电缆。

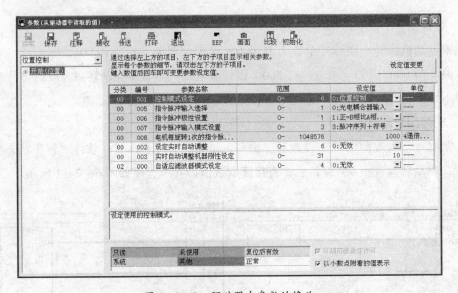

图 6—2—3　驱动器中参数的修改

2. 依据题意写出 I/O 分配表，见表 6—2—1。

表 6—2—1　　　　　　　　　项目六任务二 I/O 分配表

输入			输出		
设备接线	地址	注释	设备接线	地址	注释
CH0 检测 1	I0.0	X 轴原点	CH0 控制 1	Q0.0	转盘 CP
SB_1	I0.1	启动按钮	CH0 控制 2	Q0.1	转盘 DIR

3. 根据 I/O 分配表进行设备连线

（1）用 25 针数据线将 S7 - 200 PLC 模块与多工位装配单元连接。

（2）依据接线柱颜色完成 PLC 供电、I/O 供电及多工位装配单元供电的电源连接，即红色接线柱为 24 V 正极，黑色接线柱为 24 V 负极。

（3）依据 I/O 分配表完成 PLC 输入、输出的连接。

4. 根据控制要求设置"位置控制向导"并编写 PLC 控制程序，完成后将程序下载至 PLC。参考程序见附录五。

5. 在"程序状态监控"模式下，运行 PLC 程序，查看转盘运行是否满足任务要求，如不满足任务要求，应对 PLC 程序或"位置控制向导"模块进行修改，使其能满足任务控制要求。

> 注意事项：
> - 切勿频繁地接通/断开伺服驱动器电源，以防设备造成不必要的损坏。
> - 在选择脉冲的输出频率时，注意步进电动机运行的声音，请不要在伺服电动机噪声很大的情况下做长时间运行。

【任务扩展】

利用多工位装配单元、S7 - 200 PLC 模块实现下述控制要求：系统上电后，圆盘自动回到原点，按下启动按钮，转盘以 1 500 脉冲/s 正转 90°，停留 2 s 后转盘以 1 000 脉冲/s 转动 180°，停留 5 s 后转盘以 800 脉冲/s 转动 90°后停止，再次按下启动按钮设备可再次运行。

【任务评价】（见表 6—2—2）

表 6—2—2　　　　　　　　　用伺服电动机实现角度控制任务评价表

班级：_____ 姓名：_____ 学号：_____ 成绩：_____

序号	课题内容	考核要求	配分	评分标准	扣分	得分
1	I/O 分配表设计	1. 根据设计功能要求，正确分配输入点和输出点 2. 能根据任务要求，正确分配各种 I/O 量	15 分	1. 设计的点数与系统要求功能不符每处扣 2 分 2. 功能标注不清楚，每处扣 2 分 3. 少标、错标、漏标，每处扣 2 分		

续表

序号	课题内容	考核要求	配分	评分标准	扣分	得分
2	程序设计	1. PLC程序能正确实现系统控制功能 2. 梯形图程序及程序清单正确完整	30分	1. 梯形图程序未实现某项功能，酌情扣5～10分 2. 梯形图画法不符合规定，程序清单有误，每处扣2分 3. 梯形图指令运用不合理，每处扣2分		
3	程序输入及调试	1. 指令输入熟练、正确 2. 程序编辑、调试方法正确	40分	1. 指令输入方法不正确，每提醒一次扣2分 2. 程序编辑方法不正确，每提醒一次扣2分 3. 调试方法不正确，每提醒一次扣2分		
4	安全生产	按国家颁布的安全生产法规或企业规定考核	15分	1. 每违反一项规定，从总分中扣2分（总扣分不超过10分） 2. 发生重大事故取消考试资格		

学生任务实施过程的小结及反馈：

教师点评：

任务三　多工位装配单元的综合控制

【任务描述】

利用多工位装配单元、S7 – 200 PLC 模块实现下述控制要求：系统上电后，转盘正转 5 s 进行自检，而后反转回到原点，按下启动按钮，等待 5 s 人工将料块放到转盘原点处工位，而后正转动 90°，检测 2 s 料块是否空芯，若是空芯料块，则转动 90°进行装配，若料井内没有料块，则待人工投入后装配，装配完成后，转动 180°回到原点处停止。若是有芯料块，则转动 270°回到原点处停止。再次按下启动按钮后，设备可再次运行。

【任务分析】

本任务是在任务二的控制要求基础上增加了装配环节，既有转盘角度的旋转任务，同时也有料块及料块内料芯的检测任务，以及对无芯料块进行装配的任务。完成本任务需用到下列知识。

1. 伺服驱动器使用知识。

2. 用"位置控制向导"完成对高速脉冲输出指令操作的配置。

3. 编程方法的合理选择及指令的熟练运用。

以上内容在前面的学习中已做一定的讲解和练习，在此不再介绍。如果在编程中需要参考，请翻阅前面的内容。

【任务实施】

1. 伺服系统设置

（1）连接伺服驱动器与伺服电动机间电缆。

（2）连接伺服驱动器与计算机之间通信线。

（3）为伺服驱动器供电，连接其电源线。

（4）在完成设备硬件连接的前提下，打开软件，建立伺服驱动器与计算机之间的连接。

（5）修改伺服驱动器参数，如图 6—3—1 所示。并将参数传送至伺服驱动器，完成后拆除伺服驱动器与计算机之间的通信电缆。

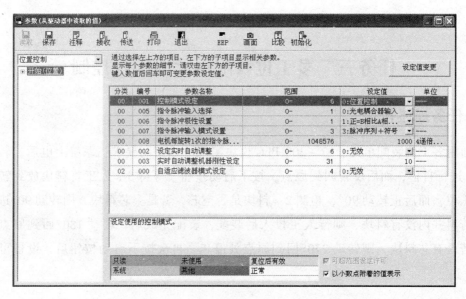

图6—3—1　驱动器中参数的修改

2. 依据题意写出 I/O 分配表，见表6—3—1。

表6—3—1　　　　　　　　　　项目六任务三 I/O 分配表

输入			输出		
设备接线	地址	注释	设备接线	地址	注释
CH0 检测 1	I0.0	转盘原点	CH0 控制 1	Q0.0	转盘 CP
CH0 检测 2	I0.1	料块检测	CH0 控制 2	Q0.1	转盘 DIR
CH0 检测 3	I0.2	料块芯检测	CH0 控制 3	Q0.2	工件固定气缸
CH0 检测 4	I0.3	料芯井料芯检测	CH0 控制 4	Q0.3	料块推出气缸
CH0 检测 5	I0.4	料块固定	CH0 控制 5	Q0.4	压料柱气缸
CH0 检测 6	I0.5	压料柱回位			
CH0 检测 7	I0.6	压料柱到位			
SB_1	I0.7	启动按钮			

3. 根据 I/O 分配表进行设备连线

（1）用25针数据线将 S7 - 200 PLC 模块与多工位装配单元连接。

（2）依据接线柱颜色完成 PLC 供电、I/O 供电及多工位装配单元供电的电源连接，即红色接线柱为24 V 正极，黑色接线柱为24 V 负极。

（3）依据 I/O 分配表完成 PLC 输入、输出的连接。

4. 根据控制要求设置"位置控制向导"并编写 PLC 控制程序，完成后将程序下载到

PLC 中。参考程序见附录五。

5. 在"程序状态监控"模式下，运行 PLC 程序，查看转盘运行是否满足任务要求，如不满足任务要求，应对 PLC 程序或"位置控制向导"模块进行修改，使其能满足任务控制要求。

注意事项：

● 切勿频繁地接通/断开伺服驱动器电源，以防设备造成不必要的损坏。

● 在选择脉冲的输出频率时，注意步进电动机运行的声音，请不要在伺服电动机噪声很大的情况下做长时间运行。

【任务扩展】

用 S7 – 200 PLC 软件编写程序实现下述控制功能：系统上电后，转盘自动回到原点，人工向料井投放料块，按下启动按钮，转盘每过 5 s 正转 90°，每转动一次，人工将料块放入原点处料盘，若料盘上原本有料块，则替换料块。当发现空芯料块经过装配气缸下方时，在 5 s 内完成装配，若料井内无料芯，则设备停止，待人工投入料块后按下启动按钮继续运行。若发现有料芯的料块，则装配气缸不动作，等待回到原点处料盘被替换。

若在运行过程中按下停止按钮，则等待转盘电动机停止时回到原点，再次按下启动按钮系统方可再次运行。

参考 I/O 分配表见表 6—3—2。

表 6—3—2　　　　　　　　项目六任务三任务扩展 I/O 分配表

输入			输出		
设备接线	地址	注释	设备接线	地址	注释
CH0 检测 1	I0.0	转盘原点	CH0 控制 1	Q0.0	转盘 CP
CH0 检测 2	I0.1	料块检测	CH0 控制 2	Q0.1	转盘 DIR
CH0 检测 3	I0.2	料块芯检测	CH0 控制 3	Q0.2	工件固定气缸
CH0 检测 4	I0.3	料芯井料芯检测	CH0 控制 4	Q0.3	料块推出气缸
CH0 检测 5	I0.4	料块固定	CH0 控制 5	Q0.4	压料柱气缸
CH0 检测 6	I0.5	压料柱回位			
CH0 检测 7	I0.6	压料柱到位			
SB_1	I0.7	启动按钮			
SB_2	I1.0	停止按钮			

【任务评价】（见表6—3—3）

表6—3—3 多工位装配单元的综合控制任务评价表

班级：_____ 姓名：_____ 学号：_____ 成绩：_____

序号	课题内容	考核要求	配分	评分标准	扣分	得分
1	I/O分配表设计	1. 根据设计功能要求，正确的分配输入点和输出点 2. 能根据任务要求，正确分配各种I/O量	15分	1. 设计的点数与系统要求功能不符每处扣2分 2. 功能标注不清楚，每处扣2分 3. 少标、错标、漏标，每处扣2分		
2	程序设计	1. PLC程序能正确实现系统控制功能 2. 梯形图程序及程序清单正确完整	30分	1. 梯形图程序未实现某项功能，酌情扣5~10分 2. 梯形图画法不符合规定，程序清单有误，每处扣2分 3. 梯形图指令运用不合理，每处扣2分		
3	程序输入及调试	1. 指令输入熟练、正确 2. 程序编辑、调试方法正确	40分	1. 指令输入方法不正确，每提醒一次扣2分 2. 程序编辑方法不正确，每提醒一次扣2分 3. 调试方法不正确，每提醒一次扣2分		
4	安全生产	按国家颁布的安全生产法规或企业规定考核	15分	1. 每违反一项规定，从总分中扣2分（总扣分不超过10分） 2. 发生重大事故取消考试资格		
学生任务实施过程的小结及反馈：						
教师点评：						

项目七

触摸屏模块实操训练

实训内容

1. 西门子触摸屏的初步使用。

2. 触摸屏与 S7 – 200 PLC 之间通信。

3. 触摸屏动态监控画面的制作。

实训目标

1. 掌握西门子触摸屏人机界面的组态方法。

2. 熟练掌握西门子触摸屏程序的下载设置。

3. 掌握西门子触摸屏与 S7 – 200 PLC 的通信方法。

4. 学会用触摸屏监控行走机械手位置的变化。

实训设备（见表7—1）

表7—1　　　　　　　　　触摸屏实操训练所需部件清单

序号	名称	数量
1	TVT – METSA – T 设备主体	一套
2	行走机械手与仓库单元	一套
3	S7 – 200 PLC 模块	一块
4	S7 – 200 编程电缆	一根
5	连接导线	若干
6	25 针数据线	一根
7	TP177B 触摸屏	一台
8	以太网线	一根
9	触摸屏与 PLC 通信线	一根

任务一　西门子触摸屏的初步使用

【任务描述】

学习西门子触摸屏硬件知识及软件安装方法，掌握用西门子触摸屏软件打开示例程序并将其下载到西门子触摸屏的操作方法。

【任务分析】

本任务是对触摸屏基础知识的学习，涉及触摸屏实物的相关介绍，触摸屏软件的安装和软件的基本使用，以及触摸屏软件和实物触摸屏之间通信建立的知识。

【相关知识】

触摸屏（touch screen）又称"触控屏""触控面板"，是一种可接收触头等输入信号的感应式液晶显示装置，当接触了屏幕上的图形按钮时，屏幕上的触觉反馈系统可根据预先编写的程式驱动各种连接装置，可用以取代机械式的按钮面板，并借助液晶显示画面制造出生动的影音效果。触摸屏作为一种最新的计算机输入设备，是目前最简单、方便、自然的一种人机交互方式。它赋予了多媒体以崭新的面貌，是极富吸引力的全新多媒体交互设备，主要应用于公共信息的查询、领导办公、工业控制、军事指挥、电子游戏、点歌及点菜、多媒体教学、房地产预售等。

在项目七中所用的触摸屏为西门子 TP177B PN/DP HMI 触摸屏，如图 7—1—1 所示。

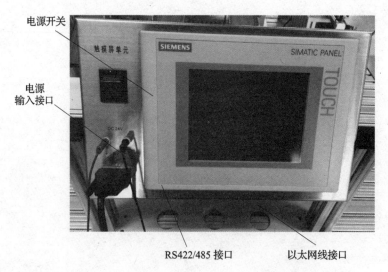

图 7—1—1　西门子 TP177B PN/DP HMI 触摸屏

一、TP177B 触摸屏硬件概述

1. TP177B 触摸屏的正视图与左视图

触摸屏的正视图没有按键，用手轻轻地在显示屏上触动就可以完成操作，如图 7—1—2 中 1 所示。图 7—1—2 中 2 内可插入扩展卡，主要用作用户程序、系统参数及历史数据的存储。图 7—1—2 中 3 为密封垫，可防止面板因溅水而渗入主板造成设备损坏。图 7—1—2 中 4 为卡紧凹槽，卡件插入卡紧凹槽内用螺钉顶在安装面板上，使触摸屏紧固在面板里。

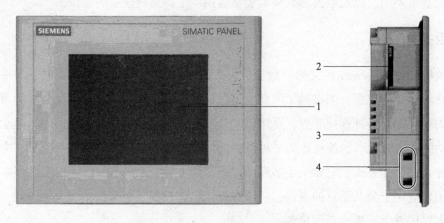

图 7—1—2　TP177B 触摸屏的正视图与左视图

1—显示与触摸屏　2—多媒体卡插槽　3—安装密封垫　4—卡紧凹槽

2．TP177B 触摸屏的仰视图

触摸屏的仰视图如图 7—1—3 所示，图 7—1—3 中的 1 是机壳等接地电位端子，与其他设备的机壳相连，避免设备之间产生静电而损坏设备或干扰设备运行。图 7—1—3 中的 2 是电源插座，使用直流 24 V 的电源，按接口的标识正确接正、负极，否则无法工作。图 7—1—3 中的 3 是 IF 1B 接口，该接口可以与 PLC 连接，读写 PLC 的数据；也可以与计算机连接，把计算机编写好的触摸屏程序下载到触摸屏中。图 7—1—3 中的 4 是 Internet 连接口，如与 PLC 的 Internet 模块连接即可控制 PLC，与计算机的 Internet 接口连接可以把计算机编写好的触摸屏程序下载到触摸屏中，若计算机装有 OPC 数据库，可以通过此接口读写触摸屏中的数据。图 7—1—3 中的 5 是 USB 接口，通过专用的 USB 线与计算机连接，把计算机编写好的触摸屏程序下载到触摸屏中。

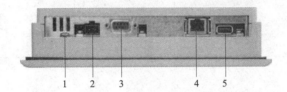

图 7—1—3　TP177B 触摸屏的仰视图

1—机壳等接地电位端子　2—电源插座　3—RS422/487 接口（IF 1B）

4—Internet 连接口（适用于 TP177BPN/DP）　5—USB 接口

3．TP177B 触摸屏的后视图

触摸屏的后视图如图 7—1—4 所示，图 7—1—4 中的 1 是标牌，对图 7—1—4 的四个接口进行说明。图 7—1—4 中的 2 是 DIP 开关，DIP 开关的设置见表 7—1—1。

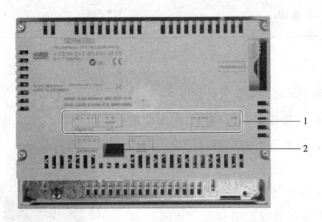

图 7—1—4　TP177B 触摸屏的后视图

1—标牌　2—DIP 开关

表 7—1—1　　　　　　　　　　　　　　DIP 开关的设置

通信	开关设置	含义
MPI/PROFIBUS DP RS 485	4 3 2 1 ON	RTS 在针脚 9 上，如同编程设备，如用于调试
MPI/PROFIBUS DP RS 485	4 3 2 1 ON	RTS 在针脚 4 上，如同编程设备，例如用于调试
	4 3 2 1 ON	无 RTS 开关用于控制器和 HMI 设备之间的数据传输
RS 422 RS 422	4 3 2 1 ON	启用 RS 422 接口
按钮 —■ ON	4 3 2 1 ON	出厂状态

4. 附件

TP177 与面板固定需要的安装卡件如图 7—1—5 所示，图中 1 是挂钩，插在卡紧凹槽内，用图中的槽式头螺钉 2 拧紧，把触摸屏紧固在面板上。

5. 电源连接

触摸屏的接线端子与电源线的连接如图 7—1—6 所示。必须确保电源线没有接反。可参见触摸屏背面的引出线标志。触摸屏安装具有极性反向保护电路。

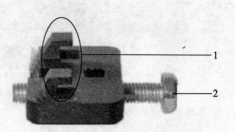

图 7—1—5　安装卡件
1—挂钩　2—槽式头螺钉

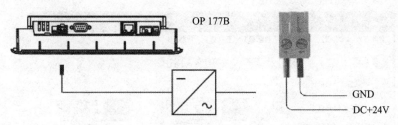

图 7—1—6 触摸屏的接线端子与电源线的连接

6. 组态 RS487 接口

用于组态 RS487 接口的 DIP 开关位于触摸屏的背面。通过开关的设置使 RS422/487 接口（IF 1B）与外部 PLC 通信口的电气相适配，在出厂时，DIP 开关设置为与 SIMATIC S7 控制器进行通信。DIP 开关的设置见表 7—1—1。DIP 开关也可以使 RTS 信号对发送与接收方向进行内部切换。

7. 连接组态计算机

计算机可以通过多种适配器与触摸屏连接，在 TP177B 中可使用的适配器有 PC/PPI、PC Adapter、网络线、USB 线等。

计算机编写完程序后可以通过如下方法进行程序下载。

方法一：网络线连接，即计算机的网卡通过网络线与 TP177 的"LAN"口进行连接。

方法二：PC/PPI 电缆连接，即计算机的串口通过 PC/PPI 电缆与 TP177 的"IF 1B"口进行连接。

方法三：PC Adapter 电缆连接，即计算机的 USB 通过 PC Adapter 电缆与 TP177 的"IF 1B"口进行连接。

方法四：CP7611 板卡连接，即计算机安装的 CP7611 板卡与 TP177 的"IF 1B"口进行连接。

方法五：USB 连接，即计算机的 USB 与 TP177 的 USB 接口进行连接。

以上五种连接方法中传输速度快、成本最低的是方法一，方法二速度慢、成本较低。

二、触摸屏软件认知

1. 安装

打开触摸屏安装软件，如图 7—1—7 所示，对文件进行解压缩，在"WinCC 动画演示"观看触摸屏安装步骤，并将"WinCC flexible2008 China"软件安装在计算机上。

2. 打开软件

安装完成后，找到触摸屏图标并双击打开触摸屏软件，如图 7—1—8 所示。

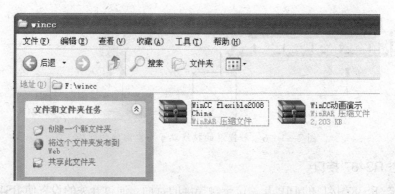

图 7—1—7　WinCC flexible2008 安装软件

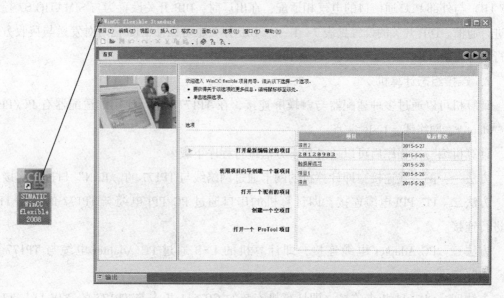

图 7—1—8　触摸屏软件的打开

3. 创建一个新项目

进入"SIMATIC WinCC flexible2008"软件，选择"创建一个空项目"，根据采用的实际设备，选择"TP177B 6″color PN/DP"触摸屏，点击"确认"，如图 7—1—9 所示。

新窗口"WinCC flexible standard – 项目. hmi"说明如图 7—1—10 所示。

三、触摸屏的发展与应用

触摸屏是一套透明的绝对定位系统，首先必须保证是透明的，因此必须通过材料科技来解决透明问题，像数字仪、写字板、电梯开关等，它们都不是触摸屏。其次它是绝对坐标，手指摸哪就是哪，不需要第二个动作，不像鼠标，是相对定位的一套系统。人们可以注意到，触摸屏软件都不需要光标，有光标反倒影响用户的注意力，因为光标是给相对定

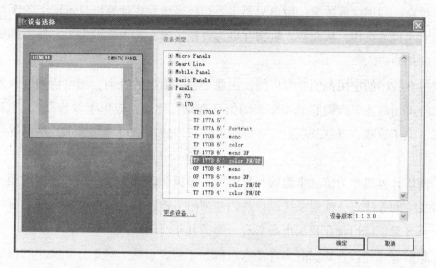

图 7—1—9　触摸屏型号的选择

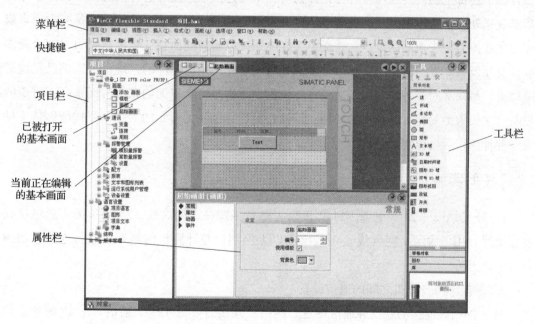

图 7—1—10　触摸屏新建窗口说明

位的设备用的，相对定位的设备要移到一个地方首先要知道身在何处，往哪个方向去，每时每刻还需要不停地给用户反馈当前的位置才不至于出现偏差。这些对采取绝对坐标定位的触摸屏来说都不需要。最后就是能检测手指的触摸动作并且判断手指位置，各类触摸屏技术就是围绕"检测手指触摸"而八仙过海各显神通的。

　　随着多媒体信息查询设备的与日俱增，人们越来越多地谈到触摸屏，因为触摸屏不仅适用于我国多媒体信息查询的情形，而且具有坚固耐用、反应速度快、节省空间、易于交流等许多优点。利用这种技术，用户只要用手指轻轻地触碰计算机显示屏上的图符或文字就能实现对主机的操作，从而使人机交互更为直截了当，这种技术大大方便了那些不懂计算机操作的用户。

触摸屏在我国的应用范围非常广阔，主要是公共信息的查询，如电信局、税务局、银行、电力等部门的业务查询和城市街头的信息查询；此外，应用于领导办公、工业控制、军事指挥、电子游戏、点歌及点菜、多媒体教学、房地产预售等。未来，触摸屏还将走入家庭。

随着使用计算机作为信息来源的与日俱增，触摸屏以其易于使用、坚固耐用、反应速度快、节省空间等优点，使得系统设计师们越来越多地感到使用触摸屏的确具有相当大的优越性。至今触摸屏出现在我国市场只有短短的几年时间。

这个新的多媒体设备还没有为许多人接触和了解，包括一些正打算使用触摸屏的系统设计师，还都把触摸屏当作可有可无的设备，从发达国家触摸屏的普及历程和我国多媒体信息业正处在的阶段来看，这种观念还具有一定的普遍性。事实上，触摸屏是一个使多媒体信息或控制改头换面的设备，它赋予多媒体系统以崭新的面貌，是极富吸引力的全新多媒体交互设备。发达国家的系统设计师们和我国率先使用触摸屏的系统设计师们已经清楚地知道，触摸屏对于各种应用领域的计算机已经不再是可有可无的东西，而是必不可少的设备。它极大地简化了计算机的使用，即使是对计算机一无所知的人，也照样能够信手拈来，使计算机展现出更大的魅力。

【任务实施】

1. 插接触摸屏 24 V 电源。24 V 正极为红色接线柱，用红线，24 V 负极为黑色接线柱用黑线；用以太网（网络线）将触摸屏以太网端口与计算机网络端口进行连接，如图 7—1—11 所示。

2. 触摸屏与计算机之间的通信设置

（1）网络线连接的触摸屏通信设置。网络线连接需要对 TP177 通信口的 IP 地址进行设置，设置方法如下：

1）启动 TP177B 系统，出现如图 7—1—12 所示的对话框，然后按"Control panel"按钮进入设备控制面板，如图 7—1—13 所示。

2）点击"Transfer"按钮，弹出"传输设置"对话框，如图 7—1—14 所示。在"Channel2"项中选择"ETHERNET"，然后点击"Advanced"按钮，进入"网络配置"对话框，如图7—1—15 所示。

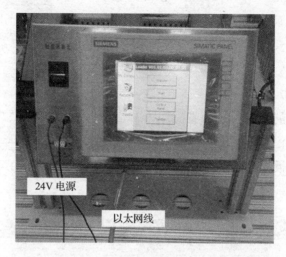

图7—1—11 触摸屏电源线和以太网口的接线

图7—1—12 TP177B 装载菜单

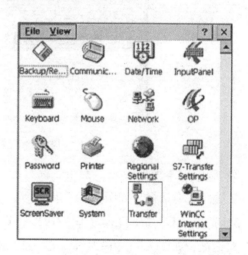

图7—1—13 TP177B 控制面板

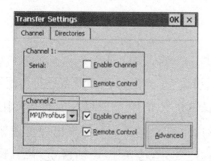

图7—1—14 "传输设置"对话框

图7—1—15 "网络配置"对话框

3）点击"Properties"按钮，弹出"IP 地址设置"对话框，如图 7—1—16 所示。选择"Specify an IP address"，输入 IP 地址 192.168.56.198（也可以是其他 IP 地址）；在"Subnet Mask"中输入 255.255.255.0。点击"OK"按钮，退出本对话框，再点击"OK"按钮一直退到主菜单。

（2）网络线连接的计算机 IP 设置

1）从"开始"菜单进入"控制面板"，弹出控制面板界面。在"控制面板"界面中双击网络连接，弹出网络连接界面，如图 7—1—17 所示。

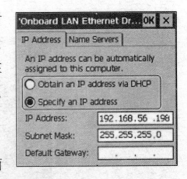

图 7—1—16   "IP 地址设置"
对话框

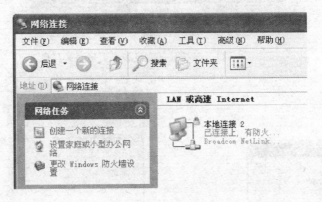

图 7—1—17   网络连接

2）选中"本地连接 2"，点击鼠标右键，在弹出的菜单中选择"属性"，弹出"本地连接 2 属性"对话框，如图 7—1—18 所示。

3）选中"Internet 协议（TCP/IP）"，点击属性，弹出"Internet 协议（TCP/IP）属性"对话框，如图 7—1—19 所示。输入 IP 地址 192.168.56.10 或其他 IP 地址，前面三段地址必须一致，否则无法通信；输入子网掩码 255.255.255.0，这个号必须与 TP177B 设置一致，否则无法通信。完成后点击"确定"

3. SIMATIC WinCC flexible2008 通信设置

（1）打开触摸屏示例程序，如图 7—1—20 所示。

（2）点击菜单中"项目"→"传送"→"传送设置"，弹出"选择设备进行传送"对话框，如图 7—1—21 所示。模式选择"以太网"；计算机名或 IP 地址写入在 TP177 中所设的 IP 地址"192.168.56.198"，点击"传送"，把程序传到触摸屏内。如果出现传送错误，有可能软件版本与 TP1788B 的硬件不一样，在"项目"→"传送"→"OS 更新"后再传送。在 OS 的更新过程中不要切断触摸屏电源或计算机电源，否则可能使触摸屏无法使用。

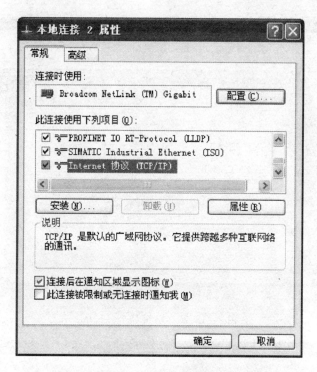

图 7—1—18 "本地连接2属性" 对话框

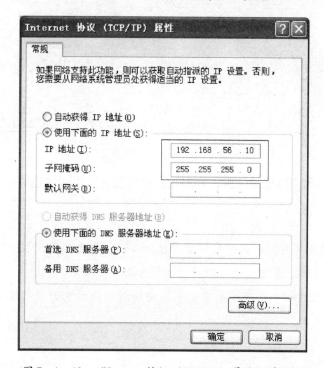

图 7—1—19 "Internet 协议（TCP/IP）属性" 对话框

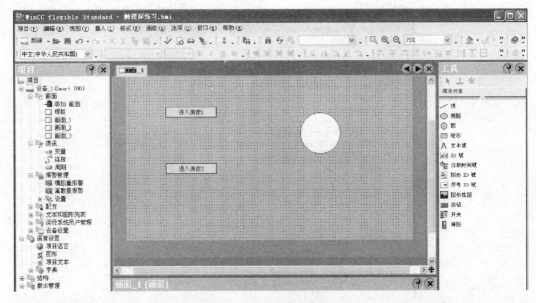

图7—1—20 触摸屏示例程序

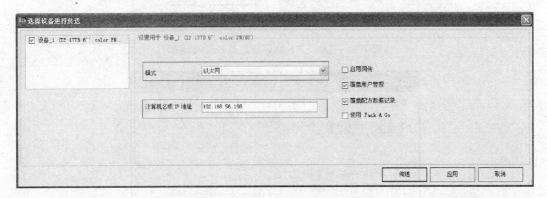

图7—1—21 "选择设备进行传送"对话框

4. 点击下载画面中的提示按键,观察触摸屏的变化,思考触摸屏画面如何制作。

注意事项:

● 在使用触摸屏时,请保证触摸屏的接地良好,避免其他干扰造成触摸屏通信异常。在使用触摸屏时,请仔细阅读触摸屏使用手册。

● 在OS更新过程中或者程序下载中不要切断触摸屏电源或计算机电源,否则可能使触摸屏无法使用。

【任务评价】（见表7—1—2）

表7—1—2　　　　　　　西门子触摸屏的初步使用任务评价表

班级：＿＿＿＿　姓名：＿＿＿＿　学号：＿＿＿　成绩：＿＿＿＿

序号	课题内容	考核要求	配分	评分标准	扣分	得分
1	触摸屏的安装	掌握触摸屏安装方法	30	安装错误，每处扣3分 安装不牢固，每处扣2分		
2	触摸屏的接线	掌握电源线的接法和触摸屏与上位机之间通信线的连接	10	接错一根线，扣5分		
3	触摸屏的设置及程序下载	熟练选择触摸屏型号并能设置触摸屏参数，完成程序的下载	50	参数每设置错误一处，扣3分 不能完成上位机与触摸屏之间通信，每次扣10分		
4	安全文明生产	按国家颁布的安全生产法规或企业规定考核	10	违反安全文明生产规程，扣5~10分		

学生任务实施过程的小结及反馈：

教师点评：

任务二 触摸屏与 S7－200 PLC 之间通信

【任务描述】

在触摸屏上制作两个按钮，控制运行指示灯和停止指示灯，触摸屏通过 PPI 通信线与 S7－200 PLC 的通信口（PORTO/0）进行数据交换。触摸屏直接对 PLC 输出进行控制，即触摸屏画面按钮可以控制指示灯的导通或关断（点动控制或自锁控制均可），PLC 输出状态直接在触摸屏画面上显示，即指示灯的通断在触摸屏上显示。

【任务分析】

本任务是关于触摸屏和 PLC 之间信号交换的练习，既需要触摸屏画面的制作，又需要 PLC 程序的编写，并通过 PPI 电缆将触摸屏与 PLC 进行连接，从而完成本任务的调试工作。

【相关知识】

一、创建一个新项目

打开 "SIMATIC WinCC flexible2008" 软件，在 "项目" 中点击 "新建"，在出现的 "设备选择" 窗口将设备类型选为 TP177B 6″color PN/DP，完成后点击 "确定"，如图 7—2—1 所示。

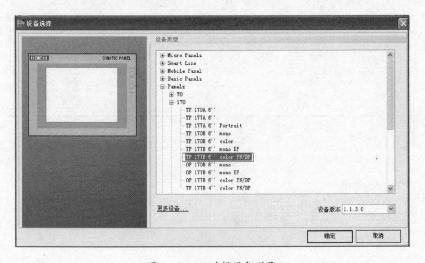

图 7—2—1 选择设备型号

二、触摸屏的通信设置

1. 连接的设置

在"项目"左侧菜单栏中找到"通信"并双击"连接",则在右侧显示出"连接"画面,在"连接"画面中双击图中①的位置,如图7—2—2所示。

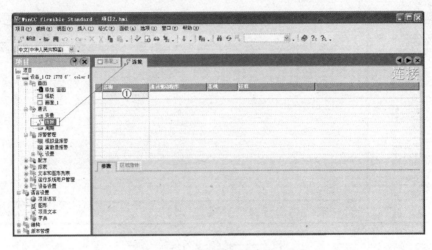

图7—2—2 触摸屏软件连接的设置

在出现的"连接"画面配置中修改下列参数,如图7—2—3所示,在①处将通信驱动程序改为SIMATIC S7 200;在②处将网络配置改为PPI;在③处将波特率改为9 600。

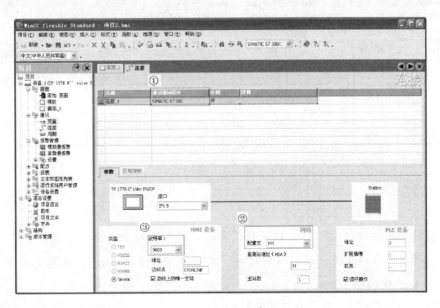

图7—2—3 连接设置中参数的修改

2. 变量的设置

在"项目"左侧菜单栏中找到"通信"并双击"变量",则在右侧显示出"变量"画面,在"变量"画面中双击图中①的位置,如图7—2—4所示。

图7—2—4　变量的设置

修改"变量"界面中的名称、数据类型、地址,如图7—2—5所示。

图7—2—5　变量的修改

注意:

　　触摸屏应用按钮用途时,对 PLC 来说是输入控制,应 PLC 所需,I/O 为其实际外部接线,所以,当触摸屏应用按钮用途时,需将地址设置为 Mx. x,编写 PLC 程序时,直接用 M 地址编程即可。

三、触摸屏画面的制作

1. 按钮的制作

点击图7—2—6①处，切换至触摸屏画面制作界面。在右侧的工具条中找到"按钮"图标（见图7—2—6②处）并点击。在触摸屏制作界面中，画出所需要按钮的大小，并将其文本显示"OFF状态文本"修改为"启动按钮"，如图7—2—6③处所示。

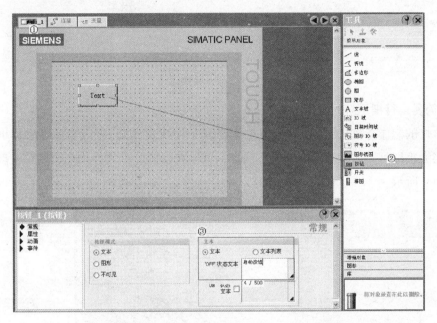

图7—2—6　触摸屏画面中按钮的制作方法

在启动按钮的属性窗口"事件"项中点击"按下"时，调用置位函数"SetBit"，如图7—2—7所示。在"SetBit"处点开下拉菜单，在"所有函数"中找到"编辑位"，选中"SetBit"；将"变量（InOut）"的值改为启动按钮。即在"启动按钮"处点开下拉菜单，选中"启动按钮"即可。

图7—2—7　启动按钮的设置

按钮"释放"的操作设置与按钮"按下"时基本类似，只需将调用函数"SetBit"改为"ResetBit"即可。用上述方法完成停止按钮的设置，如图7—2—8所示。

图7—2—8 停止按钮的设置

2. 简易运行指示灯的制作

指示灯的制作与按钮类似，也是在右侧工具条中找到"圆"，点击后在触摸屏界面上画出适当大小即可。如果对中间颜色不满意，可以在"圆"的属性中修改其填充颜色，如图7—2—9所示。

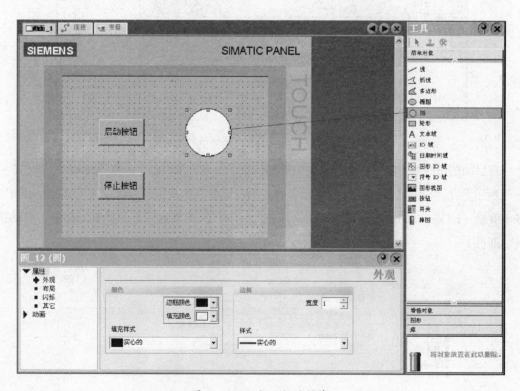

图7—2—9 指示灯的制作

在"圆"属性中，修改"动画"中"外观"参数，如图7—2—10所示。将变量修改为"运行指示灯"，类型选择为"位"，值改为"1"，背景色改为绿色。用同样的方法完成停止指示灯的制作，在停止指示灯"动画"中"外观"参数中，将变量改为"停止指示灯"，背景色改为红色即可。

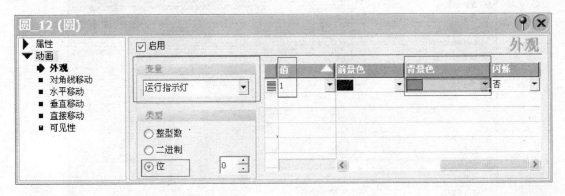

图7—2—10　指示灯外观参数的设置

触摸屏制作完成画面如图7—2—11所示。可以利用软件自带的仿真功能对其进行测试，如图7—2—12所示。在"项目"中"编译器"的下拉菜单中点击"使用仿真器启动运行系统"即可。这样可以在缺少触摸屏的环境下使用。

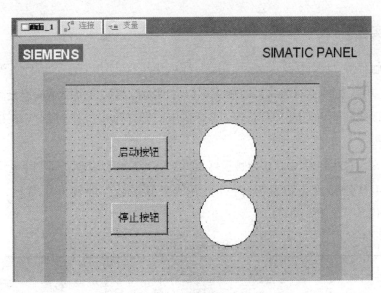

图7—2—11　触摸屏制作完成画面

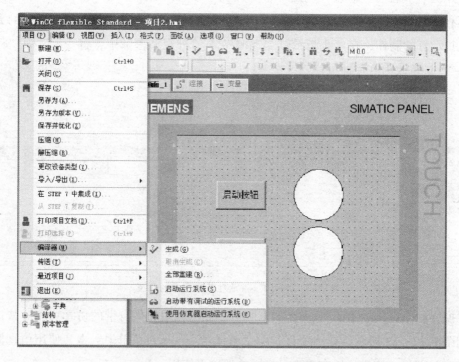

图 7—2—12　触摸屏软件仿真方法

【任务实施】

1. 插接触摸屏 24 V 电源，24 V 正极为红色接线柱，用红线，24 V 负极为黑色接线柱，用黑线；用以太网（网络线）将触摸屏以太网端口与计算机网络端口进行连接。

2. 依据接线柱颜色完成 PLC 供电、I/O 供电，即红色接线柱为 24 V 正极，黑色接线柱为 24 V 负极。

3. 连接 S7 – 200 PLC 端口 0 与触摸屏 IF 18 RS422/485 端口之间 PPI 电缆线。

4. 写出 I/O 分配表（见表 7—2—1）并完成其接线，即输入用蓝色，输出用绿色（可用黄色替代）。

表 7—2—1　　　　　　　　　　项目七任务二 I/O 分配表

输入			输出		
设备接线	地址	注释	设备接线	地址	注释
SB1_3	I0.0	启动按钮	HL1_1	Q0.0	运行指示灯
SB2_3	I0.1	停止按钮	HL2_2	Q0.2	停止指示灯

5. 依据【相关知识】中触摸屏画面制作步骤，完成触摸屏画面的制作。

6. 编写 PLC 程序，参考程序如图 7—2—13 所示。

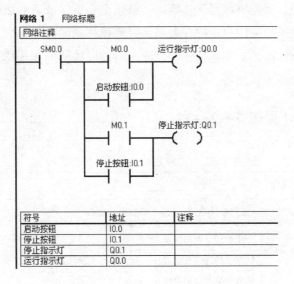

图 7—2—13 项目七任务二参考程序

7. 将触摸屏程序下载到触摸屏内，并操作触摸屏按钮观察指示灯动作情况，当按下"PLC 模块"按钮时，触摸屏显示器是否显示正确，即动作现象是否正确，如有问题，请查找原因进行修改。

【任务扩展】

触摸屏的操作方法和技巧

为了能更好地帮助大家操作触摸屏，下面是一些操作方法和技巧。

如果在中途操作电容触摸屏时，重新改变了触摸屏的显示器分辨率或显示模式，或者是自行调整了触摸屏控制器的刷新频率后，感觉到光标与触摸点不能对应时，都必须重新对触摸屏系统进行校准。

为了保证触摸屏系统的正常工作，除了要保证系统软件的正确安装之外，还必须记得在一台主机上不要安装两种或两种以上的触摸屏驱动程序，这样容易导致系统运行时发生冲突，从而使触摸屏系统无法正常使用。

不要让触摸屏表面有水滴或其他软的东西黏附在其表面；否则，触摸屏很容易错误地认为有手触摸，造成表面声波屏不准。另外，在清除触摸屏表面的污物时，可以用柔软的干布或者清洁剂小心地从屏幕中心向外擦拭，或者用一块干的软布蘸工业酒精或玻璃清洗液清洁触摸屏表面。如果用手或者其他触摸物来触摸表面声波触摸屏时，触摸屏反应很迟钝，这说明很有可能是触摸屏系统已经陈旧，内部时钟频率太低，或者是由于触摸屏表面有水珠在移动，要想让触摸屏恢复快速响应，必须重新更换或者升级系统，或者用抹布擦干触摸屏表面的水珠。如果用户在操作触摸屏时触摸移动的方向是向左的，但系统的光标却向右移动，出现这种故障可能是由于控制盒与触摸屏连接的接头接反或触摸屏左右位置装反，用户只要将方向重新调换一下即可。

【任务评价】（见表7—2—2）

表7—2—2　　　　　　　　　触摸屏与S7 - 200 PLC 之间通信任务评价表

班级：_____	姓名：_____	学号：_____	成绩：_____			
序号	课题内容	考核要求	配分	评分标准	扣分	得分
1	触摸屏的接线及通信设置	正确进行电源线及数据线的连接并设置完成触摸屏通信参数	20	接错一根线，扣3分		
2	触摸屏画面制作	依据题意完成触摸屏画面的制作	40	缺少一个画面元件，扣5分 画面元件参数设置错误，每处扣2分		
3	PLC 与触摸屏联合调试	编写 PLC 程序，并将其和触摸屏程序分别进行下载，联动调试至满足任务要求	30	联动调试不成功，一次扣10分		
4	安全文明生产	按国家颁布的安全生产法规或企业规定考核	10	违反安全文明生产规程，扣5～10分		
学生任务实施过程的小结及反馈：						
教师点评：						

任务三　触摸屏动态监控画面的制作

【任务描述】

在触摸屏上制作一个开机画面和一个监控画面。开机画面有一个按钮和实训任务名称，点击此按钮进入监控画面。监控画面有行走机械手的示意图、坐标值显示、"左移"按钮、"右移"按钮和"返回主界面"按钮。当按下"左移"或"右移"按钮时，机械手的示意图也实时地向左或向右移动，同时显示实时坐标值。按下"返回主界面"按钮回到开机画面。

【任务分析】

本任务是关于用触摸屏操作和监控行走机械手当前运行情况的综合训练，在本任务中学会触摸屏画面间切换知识及 PLC 控制与触摸屏画面之间互动知识，可以为本任务的完成提供较好的基础。

【相关知识】

一、系统的组成

系统的组成如图 7—3—1 所示。系统由 TP177B、西门子 S7 - 200、直流电动机驱动器、直流电动机、行走机械手、限位开关、旋转编码器等组成。

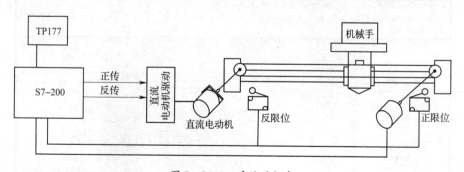

图 7—3—1　系统的组成

二、触摸屏画面的制作

1. 创建新项目

创建一个新项目，并做好通信参数设置（具体方法参考任务二）。

2. 变量的连接

本实训任务中变量连接的是中间继电器 M 与数据寄存器 VD0，M0.0 是触摸屏控制左移的信号，M0.1 是触摸屏控制右移的信号。VD0 是触摸屏读取高速计数器的经过值，由于经过值是实时监视，采集周期设为"100 ms"，如图 7—3—2 所示。

名称	连接	数据…	地址	数组计数	采集周期	注释
左移	s7-200	Bool	M 0.0	1	1 s	
右移	s7-200	Bool	M 0.1	1	1 s	
计数器	s7-200	DInt	VD 0	1	100 ms	

图 7—3—2　变量界面

3. 触摸屏界面的制作

（1）开机画面的制作

1）标题的输入。打开"画面_1"，在工具栏的"简单对象"中先点击一下"文本域"，在当前正在编辑的画面中点击一下，文本框就添加到画面中，如图 7—3—3 所示。选中"Text"，点击鼠标右键，弹出快捷菜单，选择"属性"，打开属性框写入"行走机械手触摸屏的监控界面"，如图 7—3—4 所示。点击"属性"，展开属性菜单后，再点击"文本"，选择适合的字体大小，如图 7—3—5 所示。

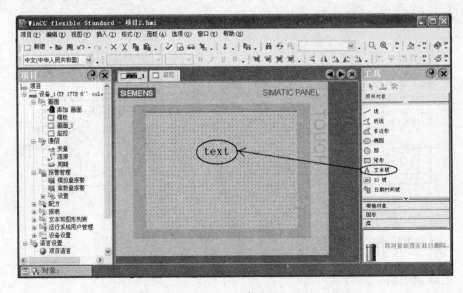

图 7—3—3　文本域的添加

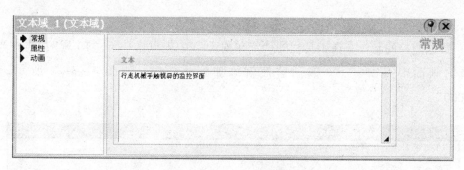

图 7—3—4 标题的输入

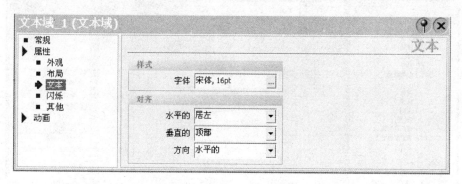

图 7—3—5 文字的设置

2）画面切换按钮的制作。先在"项目"框里添加一个画面，用鼠标放在新添加的画面上，点击鼠标的右键，选择"重命名"，把它命名为"监控"。然后在工具栏的"简单对象"中点击"按钮"，把鼠标移到"起始画面"的画面里，点击一下鼠标，按钮就添加成了。双击按钮，打开"属性"框，在"常规"项输入"点击进入监控页"，调整字体大小，点击"事件"中"按下"，写入指令"ActivateScreen"，画面名为"监控"，如图 7—3—6 所示。

图 7—3—6 画面切换按钮动作的设置

（2）监控画面的制作

1）左移动与右移动按钮的制作。打开"监控"画面，制作左移动与右移动按钮（具体方法参考任务二)。

2) 数据监控的制作。在工具栏的"简单对象"中先点击一下"IO域",再在当前正在编辑的画面中点击一下,数据监控就添加到画面中,如图 7—3—7 所示。双击"000.000",

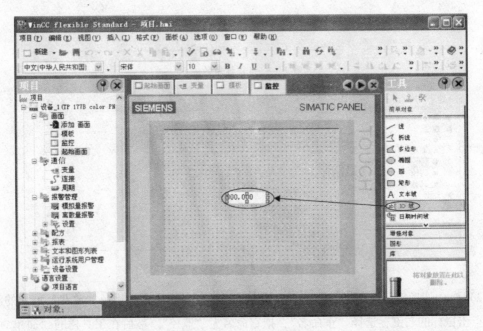

图 7—3—7　IO 域的添加

打开属性框,在"模式"里选择"输出",在"格式类型"选择"十进制",在"变量"选择"计数器",在"格式样式"选择"9999",高速计数器的经过值没有经过量纲的转换,原值为整数,所以设"移动小数点"为"0",如图 7—3—8 所示,点击"属性"展开属性菜单后,再点击"文本",选择适合的字体大小。在数据前面添加一个文字,如"当前位置:",这样比较容易读懂数据的意义。

图 7—3—8　数据监控属性框

3）图形视图的制作。在制作动画前，先用制图软件（如画笔）制作两个部件位图，如图 7—3—9 所示。图形的大小不要超过 320×240 像素，即触摸屏的分辨率。分别存成两个文件，如文件名为"jxs01. bmp"与"jxs02. bmp"。

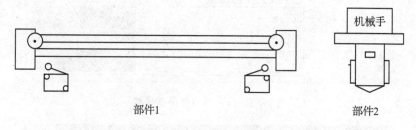

部件1 部件2

图 7—3—9　行走机械手的部件

在工具栏的"简单对象"中点击"图形视图"，再把鼠标移到"监控"的画面里，点击一下鼠标，图形视图就添加成了，如图 7—3—10 所示。双击图形视图，打开"属性"框，如图 7—3—11 所示，点击"▣"，弹出"打开文件"对话框，如图 7—3—12 所示，选择 jxs01. bmp 文件，点击"打开"，选择"jxs01"，点击"设置"，就装载到画面里，点击"属性"展开属性菜单后，再点击"外观"，在"透明色"项中选择"√"，再选择"白色"。点击"布局"，在"适合图形大小"项中选择"√"，然后把图形移到合适的位置。部件 1 不要动画，其他设置不要再设置了。同样的方法，把图形 2（部件 2）添加进来。

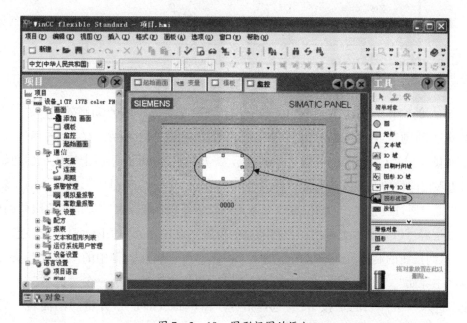

图 7—3—10　图形视图的添加

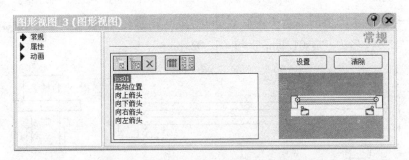

图 7—3—11　图形视图属性框

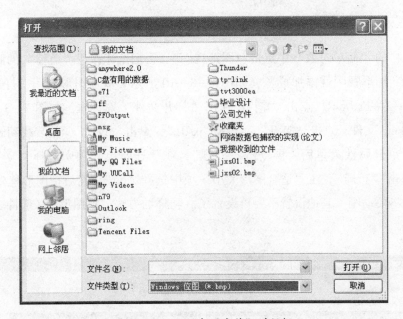

图 7—3—12　"打开文件"对话框

4）动画的制作。在这个画面里，只有图形 2（部件 2）需要动画效果。在"属性"框里展开"动画"项，点击"水平移动"，如图 7—3—13 所示。在"启用"项前打"√"，变量设为"计数器"，范围从"0"至"2 700"，2 700 是指行走机械手的初始位置到最右边限位的位置是 2 700 个计数器脉冲数。"起始位置"就是图形最初放的位置，即原点的位置。通过调整 X、Y 轴位置改变图形的位置。"结束位置"即最左边限位的位置，调整 X 轴位置可以在画面上看出图形移动后的位置。设置完成后关闭属性框，注意存盘。

5）返回按钮的制作。在画面中添加一个按钮，在"属性"框中的"常规"文本中输入"返回主界面"。进入"属性"中的"布局"，调整按钮的大小。在"文本"中设置字体大小。进入"事件"的"按下"，选择指令"ActivateScreen"，并将"画面名"后的连接改为"画面_1"，如图 7—3—14 所示。指令执行的动作是返回画面 1。

图 7—3—13 水平移动设置

图 7—3—14 指令输入项

（3）制作完成的监控画面如图 7—3—15 所示。

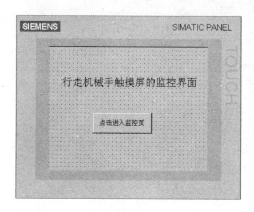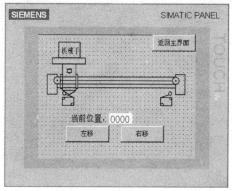

图 7—3—15 制作完成的监控画面

【任务实施】

1. 插接触摸屏 24 V 电源，24 V 正极为红色接线柱，用红线，24 V 负极为黑色接线柱，用黑线；用以太网（网络线）将触摸屏以太网端口与计算机网络端口进行连接。

2. 依据接线柱颜色完成 PLC 供电、I/O 供电，即红色接线柱为 24 V 正极，黑色接线柱为 24 V 负极。

3. 连接 S7 – 200 PLC 端口 0 与触摸屏 IF 18 RS 422/485 端口之间 PPI 电缆线。

4. 写出 I/O 分配表（见表 7—3—1）并完成其接线，即输入用蓝色，输出用绿色（可用黄色替代）。

表 7—3—1 　　　　　　　　　　　　项目七任务三 I/O 分配表

输入			输出		
设备接线	地址	注释	设备接线	地址	注释
检测 1	I0.0	旋转编码器 A 相	控制 5	Q0.0	正转
检测 2	I0.1	旋转编码器 B 相	控制 6	Q0.1	反转
检测 3	I0.2	反限位（原点）			
检测 4	I0.3	正限位			

系统的电气原理图如图 7—3—16 所示。

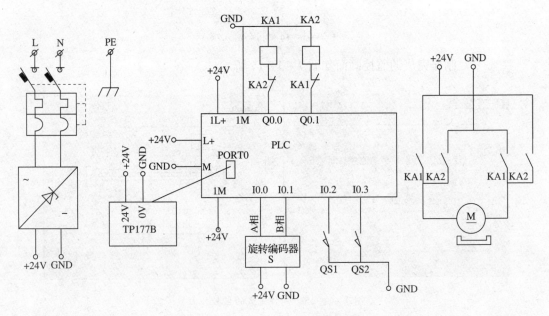

图 7—3—16　系统的电气原理图

5. 依据【相关知识】中触摸屏画面制作步骤完成触摸屏画面的制作。

6. 编写 PLC 程序。用向导设置高速计数器 HC0，设置为"模式 10"。产生一个"HSC_INIT"子程序，在主程序中调用。系统梯形图程序如图 7—3—17 所示。

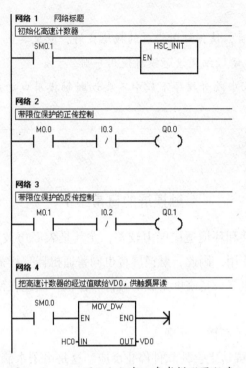

图 7—3—17　项目七任务三参考梯形图程序

7. 将触摸屏程序下载到触摸屏内，下载完成后，TP177 触摸屏约 5 s 后进入"画面_1"，如图 7—3—18 所示。按下"点击进入监控页"按钮，进入"监控"画面，如图 7—3—19 所示，按下"左移"观察 PLC 的 Q0.0 是否输出，行走机械手是否移动，"当前位置"的数字是否增大，如果数据减小，旋转编码器的 A 相与 B 相接反，调换一下即可。按下"右移"观察PLC 的 Q0.0 是否输出，行走机械手是否移动，"当前位置"的数字是否减小。按下"返回"观察是否退回到"开机画面"。

图 7—3—18　"画面_1"画面

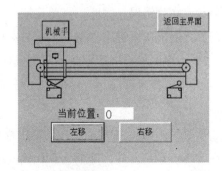

图 7—3—19　"监控"画面

注意事项:

● 在使用触摸屏时，请保证触摸屏的接地良好，避免其他干扰造成触摸屏通信异常。在使用触摸屏时，请仔细阅读触摸屏使用手册。

● 在 OS 更新过程中或者程序下载中不要切断触摸屏电源或计算机电源，否则可能使触摸屏无法使用。

【任务扩展】

触摸屏的日常维护

由于技术上的局限性和环境适应能力较差，尤其是表面声波屏，屏幕上会由于水滴、灰尘等污染而无法正常使用，因此，触摸屏幕也同普通机器一样需要定期保养与维护。同时，由于触摸屏是多种电气设备高度集成的触控一体机，因此在使用和维护时应注意以下一些问题：

1. 每天在开机前用干布擦拭屏幕。

2. 水滴或饮料落在屏幕上会使软件停止反应，这是由于水滴和手指具有相似的特性，需把水滴擦去。

3. 触摸屏控制器能自动判断灰尘，但积尘太多会降低触摸屏的敏感性，只需用干布把屏幕擦拭干净。

4. 应用玻璃清洗液清洗触摸屏上的脏指印和油污。

5. 严格按规程开、关电源，即开启电源的顺序是显示器、音响、主机。关闭电源则以相反的顺序进行。

6. 硬盘上产生大量临时文件，如果经常断电或者不退出 Windows 就直接关机，很快就会导致硬盘错误。因此，需要定期运行 ScanDisk 扫描硬盘错误，应用程序中最好能设置秘密方式退出应用程序和 Windows 再断电，例如，在触摸屏四角按规定次序点一下。

7. 纯净的触摸屏程序是不需要鼠标光标的，光标只会使用户注意力不集中。

8. 应选择足够应用程序使用的最简单的防鼠标模式，因为复杂的模式需要牺牲延时和系统资源。

9. 在 Windows 中启动较慢的应用程序时，用户有机会进入其他系统。解决的办法是修改 SYSTEM. INI 文件，即将 shell = progman. exe（Windows3. x 下）或 shell = Explorer. exe（Windows 95 上）直接改为 . exe 文件。但应用程序应能够直接退出 Windows，否则系统无法退出。

10. 视环境恶劣情况，定期打开机头清洁触摸屏的反射条纹和内表面。具体的方法如下：在机内两侧打开盖板，可以找到松开扣住机头前部锁舌的机关，打开机关即可松开锁舌。抬起机头前部，可以看到触摸屏控制卡，拔下触摸屏电缆，向后退机头可卸下机头和触摸屏。仔细看清楚固定触摸屏的方法后，卸下触摸屏进行清洗，注意不要使用硬纸或硬布，不要划伤反射条纹。最后，按相反顺序和原结构将机头复原。

【任务评价】（见表7—3—2）

表7—3—2　　　　　　　　触摸屏动态监控画面的制作任务评价表

班级：_____姓名：_____学号：_____成绩：_____

序号	课题内容	考核要求	配分	评分标准	扣分	得分
1	触摸屏的接线及通信设置	正确进行电源线及数据线的连接并设置完成触摸屏通信参数	20	接错一根线，扣3分		
2	触摸屏画面制作	依据题意完成触摸屏画面的制作	40	缺少一个画面元件，扣5分　画面元件参数设置错误，每处扣2分		
3	PLC与触摸屏联合调试	编写PLC程序，并将其和触摸屏程序分别进行下载，联动调试满足题意	30	联动调试不成功，一次扣10分		
4	安全文明生产	按国家颁布的安全生产法规或企业规定考核	10	违反安全文明生产规程，扣5~10分		

学生任务实施过程的小结及反馈：

教师点评：

项目八

通信模块实操训练

实训内容

1. 两台 S7 – 200 PLC 间 PPI 通信的搭建。

2. S7 – 300 PLC 与 S7 – 200 PLC 间 DP 通信的搭建。

实训目标

1. 掌握两台 S7 – 200 PLC 之间 PPI 通信的方法，并能实现信号交换。

2. 学会 S7 – 300 PLC 软件的硬件组态和程序编写并能处理下载问题。

3. 学会用 DP 线实现 S7 – 200 PLC EM277 模块与 S7 – 300 PLC 之间信号的交换。

实训设备（见表 8—1）

表 8—1 通信模块实操训练所需部件清单

序号	名称	数量
1	TVT – METSA – T 设备主体	一套
2	S7 – 300 PLC 模块	一块
3	S7 – 300 编程电缆	一根
4	S7 – 200 PLC 模块	两块
5	S7 – 200 编程电缆	一根
6	连接导线	若干
7	DP 通信线（三头）	一根

任务一　两台 S7 – 200 PLC 间 PPI 通信的搭建

【任务描述】

利用 PPI 通信数据线对两台 S7 – 200 PLC 进行网络搭建，实现主站启动按钮控制从站指示灯，从站停止按钮控制主站指示灯。

要求：每次按下一个按钮则相关指示灯点亮，松开按钮则指示灯熄灭。

【任务分析】

本任务涉及两台 S7 – 200 PLC 之间的通信问题，首先，要理解两台 PLC 设备之间的通信方式；其次，要学会利用 PLC 编程软件实现两台 PLC 通信的搭建；最后，通过调试完成本任务。

说明：两台 PLC 设备之间的通信程序编写有两种操作方式，即直接编写通信程序和利用软件自带"指令向导"进行设置，通过"指令向导"设置后，便可生成通信子程序，以便用户使用。本任务以"指令向导"设置通信为例进行讲解。

【相关知识】

一、PPI 通信概述

PPI（Point – to – Point Interface），即点对点通信方式，是一种主—从协议，即 S7 – 200

默认的一种通信方式。通过 PLC 端口 0 或端口 1 进行通信搭建，从而实现两台 S7－200 PLC 设备之间的外部通信连接。

二、S7－200 编程软件的设置

为实现两台 PLC 之间的通信，首先应确认主站 PLC 与从站 PLC，然后将配置好的通信程序及主站程序一同下载到主站 PLC 内，接着将从站 PLC 设置和从站程序下载到从站 PLC 内。下面以主站和从站相关设置为例加以学习。

1. 本地 PLC（主站 PLC）软件设置

（1）首先打开"指令向导"，选择"NETR/NETW——配置多项网络读写指令的操作"并点击"下一步"，如图 8—1—1 所示。

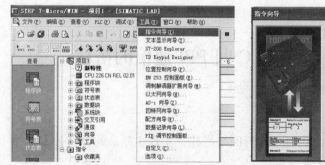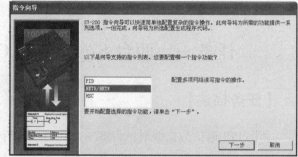

图 8—1—1　打开指令向导

（2）调整需要配置的网络读/写操作数，本例为"2"，并点击"下一步"；设置两台 PLC 间通信端口，一般设置为默认值"0"，"可执行子程序应如何命名"则保持默认"NET ＿ EXE"，然后点击"下一步"，如图 8—1—2 所示。

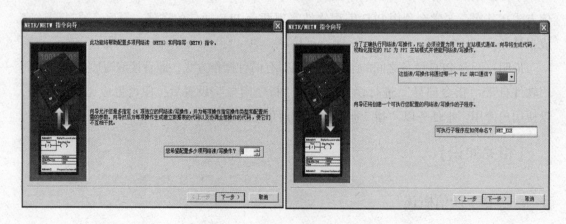

图 8—1—2　网络读/写操作数的配置

（3）在"NETR/NETW 指令向导（NET 配置）"中，首先选择"此项操作是 NETR 还是 NETW？"，本例中选择是"NETR"，即从远程 PLC 向本地 PLC 读取数据，如图 8—1—3 中的箭头所示；然后修改远程 PLC 地址为"3"，使其与本地 PLC 地址加以区分（PLC 默认地址一般为 2），最后修改数据存储地址和数据读取地址，如图 8—1—3 所示。设置完成后，点击"下一项操作"。

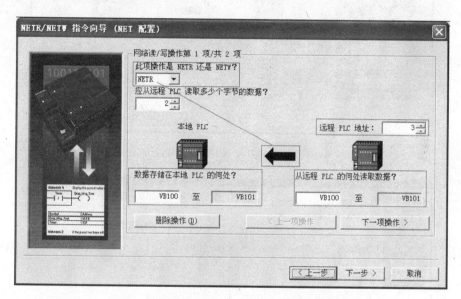

图 8—1—3　远程 PLC 向本地 PLC 读取数据的设置

注意：

　　两台 S7 - 200 PLC 之间通信数据的交换主要以 V 字节数据的交换进行，图 8—1—3 所示的操作为从远程 PLC 读取数据到本地 PLC，如果是位操作的，则是将远程 PLC V100.0（线圈）的数据传给本地 PLC 的 V100.0（触点）。

（4）在设置完成从远程 PLC 读取数据到本地 PLC 后，完成将本地 PLC 数据写到远程 PLC 内的设置，并修改远程 PLC 地址和数据交换字节，如图 8—1—4 所示。完成后，点击"下一步"。

（5）设置"建议地址"，此处设置尽量大一些，如果地址值过小，则有可能影响正常通信，设置完成后，点击"下一步"。完成"向导配置"，如图 8—1—5 所示。

（6）查看"NET_EXE（SBR1）"子程序设置，观察相关参数是否与自己设置相符，如图 8—1—6 所示。至此，完成了主站 PLC 相关软件的设置。

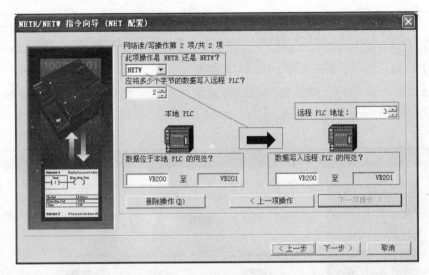

图 8—1—4　本地 PLC 数据写到远程 PLC 内的设置

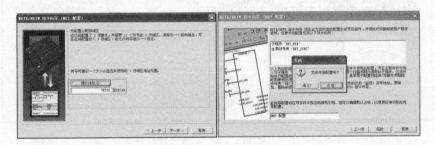

图 8—1—5　地址的设置

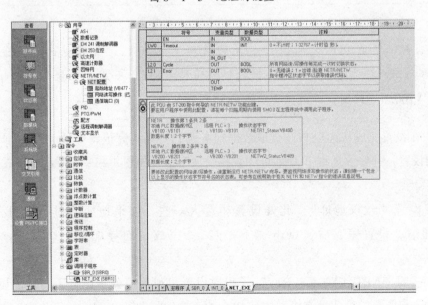

图 8—1—6　查看设置

2. 远程 PLC（从站 PLC）软件设置

从站 PLC 软件设置较简单，只需设置远程 PLC 端口的地址，如图 8—1—7 所示。点击"系统块"并设置 PLC 端口 0 的地址为 3，点击"确认"键便可。

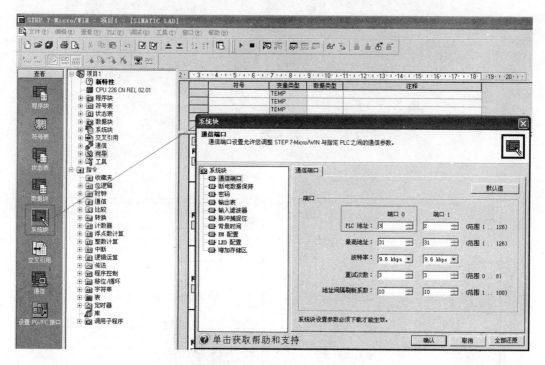

图 8—1—7　从站 PLC 地址设置

【任务实施】

1. 依据题意，写出 I/O 分配表，见表 8—1—1，并完成相关设备导线和 PPI 数据线连接，如图 8—1—8 所示。

表 8—1—1　　　　　　　　　项目八任务一 I/O 分配表

主站 PLC 地址				远程 PLC 地址			
SB1	I0.0	HL1	Q0.0	SB1	I0.0	HL1	Q0.0

2. 依据【相关知识】中关于 S7-200 PLC 软件的设置方法，完成主站和从站 PLC 软件的相关设置，并编写主站和从站 PLC 程序，参考程序如图 8—1—9 所示。

图 8—1—8　设备外部接线

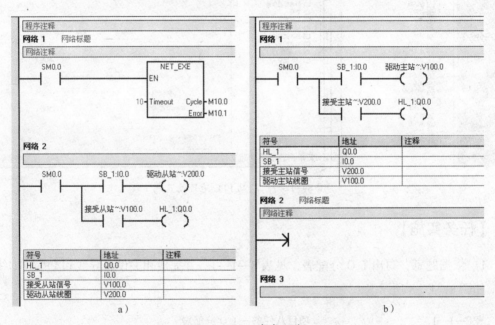

图 8—1—9　参考程序

a）主站 PLC 程序　b）从站 PLC 程序

注意：

　　调用通信子程序必须用 SM0.0。

3. 将程序分别下载到主站 PLC 和从站 PLC 内，按下主站 PLC 启动按钮，则从站指示灯 HL1 亮，松开按钮后从站指示灯 HL1 灭；按下从站 PLC 启动按钮，则主站指示灯 HL 亮，松开按钮后，则主站指示灯灭。由此可知，两台 PLC 间完成了数据的传输和交换。

【任务扩展】

PPI 网络连接

1. 基本连接原则

连接电缆必须安装合适的浪涌抑制器，这样可以避免雷击浪涌。应避免将低压信号线和通信电缆与交流导线和高能量、快速开关的直流导线布置在同一线槽中。要成对使用导线，用中性线或公共线与电源线或信号线配对。

具有不同参考电位的互联设备有可能导致不希望的电流流过连接电缆。这种不希望的电流有可能导致通信错误或者设备损坏。要确保用通信电缆连接在一起的所有设备具有相同的参考电位，或者彼此隔离，以避免产生这种不希望的电流。

2. 通信距离、通信速率及电缆选择

网段的最大长度取决于两个因素，即隔离（使用 RS - 485 中继器）和波特率，网络电缆的最大长度见表 8—1—2。

表 8—1—2　　　　　　　　网络电缆的最大长度

波特率	非隔离 CPU 端口 1	有中继器的 CPU 端口或者 EM277
9.6 ~ 187.5 k	50 m	1 000 m
500 k	不支持	400 m
1 ~ 1.5 M	不支持	200 m
3 ~ 12 M	不支持	100 m

在一般情况下，当接地点之间的距离很远时，有可能具有不同的地电位；即使距离较近，大型机械的负载电流也能导致地电位不同。当连接具有不同地电位的设备时需要隔离。如果不使用隔离端口或者中继器，允许的最长距离为 50 m。测量该距离时，从网段的第一个节点开始，到网段的最后一个节点。

【任务评价】（见表 8—1—3）

表 8—1—3　　　　　　两台 S7 - 200 PLC 间 PPI 通信的搭建任务评价表

班级：_____　姓名：_____　学号：_____　成绩：_____

序号	课题内容	考核要求	配分	评分标准	扣分	得分
1	I/O 分配表设计	1. 根据设计功能要求，正确分配输入点和输出点	15	1. 设计的点数与系统要求功能不符每处扣 2 分 2. 功能标注不清楚，每处扣 2 分		

续表

序号	课题内容	考核要求	配分	评分标准	扣分	得分
1	I/O 分配表设计	2. 能根据任务要求，正确分配各种 I/O 量		3. 少标、错标、漏标，每处扣 2 分		
2	程序设计	1. PLC 程序能正确实现系统控制功能 2. 梯形图程序及程序清单正确、完整	30	1. 梯形图程序未实现某项功能，酌情扣除 5~10 分 2. 梯形图画法不符合规定，程序清单有误，每处扣 2 分 3. 梯形图指令运用不合理，每处扣 2 分		
3	程序输入及调试	1. 指令输入熟练、正确 2. 程序编辑、调试方法正确	40	1. 指令输入方法不正确，每提醒一次扣 2 分 2. 程序编辑方法不正确，每提醒一次扣 2 分 3. 调试方法不正确，每提醒一次扣 2 分		
4	安全生产	按国家颁布的安全生产法规或企业规定考核	15	1. 每违反一项规定，从总分中扣除 2 分（总扣分不超过 10 分） 2. 发生重大事故取消考试资格		

学生任务实施过程的小结及反馈：

教师点评：

任务二　S7 – 300 PLC 与 S7 – 200 PLC 间
DP 通信的搭建

【任务描述】

利用 PPI 通信数据线对 S7 – 300 PLC 和 S7 – 200 PLC 进行网络搭建，实现主站启动按钮控制从站指示灯，从站停止按钮控制主站指示灯。

要求：按下 S7 – 300 PLC 模块启动按钮，则 S7 – 200 PLC 模块运行指示灯常亮，延迟 4 s 后，S7 – 300 PLC 模块指示灯常亮；按下 S7 – 200 PLC 模块停止按钮，则 S7 – 300 PLC 模块和 S7 – 200 PLC 模块指示灯同灭，从而实现两台 PLC 间数据的交换。

【任务分析】

本任务是关于 S7 – 300 PLC 与 S7 – 200 PLC 数据交换的问题，完成该任务需要具备以下基本知识。

1. 清楚两者之间的通信方式。
2. 具备 S7 – 300 软件的基本硬件配置和编程方法。
3. 掌握 S7 – 300 PLC 与 S7 – 200 PLC 的通信设置。

【相关知识】

一、Profibus – DP 概述

在西门子 S7 – 300 PLC 与 S7 – 200 PLC 之间的通信需要使用 DP 通信线进行 PLC 间通信搭建，如图 8—2—1 所示，主要是完成 S7 – 300 PLC 的 DP 口与 S7 – 200 PLC 扩展通信模块 EM277 之间的连接。EM277 模块如图 8—2—2 所示。

Profibus – DP 具有高速、低成本的特点，适用于设备级控制系统与分散式 I/O 的通信，能较好地完成现场层的高速数据传送。

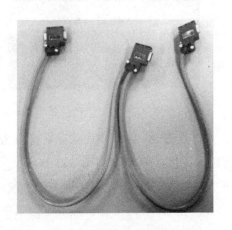

图 8—2—1　DP 通信线

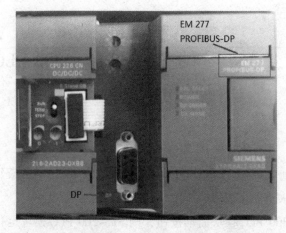

图8—2—2 EM277 模块

二、S7－300 PLC 软件通信设置

1. 打开软件后，点击"新建"，弹出对话框，输入名称后，点击"确定"，如图8—2—3所示。

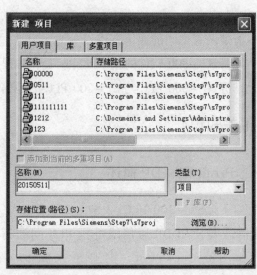

图8—2—3 "新建项目"对话框

2. 在图8—2—4中用鼠标右键点击"20150511"项目，在出现的菜单中找到"插入新对象"并点击"SMATIC 300 站点"。完成后点击左侧栏中"SMATIC 300（1）"图标，如图8—2—5所示，并在出现右侧"硬件"图标后，双击打开硬件窗口。

3. 在图8—2—6中，点开右侧菜单栏找到"SIMATIC 300"，选择"RACK－300"点开，并将"Rail"导轨拖到左侧空白处。

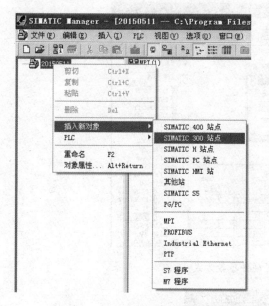

图 8—2—4 插入 SMATIC 300 站点

图 8—2—5 插入 SMATIC 300 站点完成

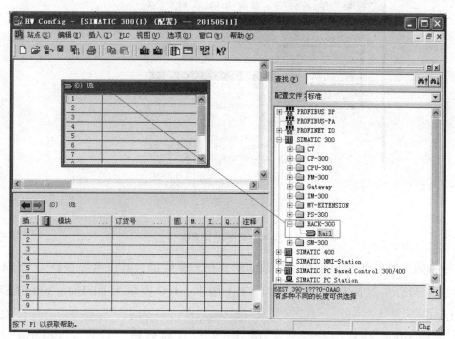

图 8—2—6 "硬件配置"对话框

4. 依据 S7 – 300 PLC 实际参数,完成导轨"(0) UR"相关参数的配置,配置参数有两种方式:方式一,在右侧菜单栏找到相关参数并将参数拖拽到导轨上,如图 8—2—7 所示;方式二,在导轨相关配置栏上点击鼠标右键,根据提示及实际参数进行配置,如图 8—2—8 所示。

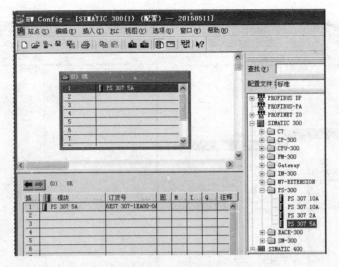

图 8—2—7　配置硬件参数方式一

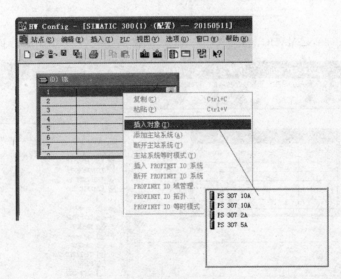

图 8—2—8　配置硬件参数方式二

实际参数实物位置和导轨相关参数如图 8—2—9 所示，其中电源参数为 PS 307 5A；CPU 参数为 315F－2PN/DP J14－0AB0 V3.1 版本；I/O 模块为 DI/DO－300 6ES7323－1BL－0AA0。

5. 添加 DP 主站系统。双击"MPI/DP"打开新窗口"属性－MPI/DP－（R0/S2.1）"，修改接口类型为：PROFIBUS；点击"属性"打开新窗口"属性－PROFIBUS 接口 MPI/DP（R0/S2.1）"，点击"新建"；出现新窗口"属性－新建子网 PROFIBUS"，找到"网络设置"，将传输率改为 187.5 kbps，然后点击"确定"，直至回到导轨界面，如图 8—2—10 所示。

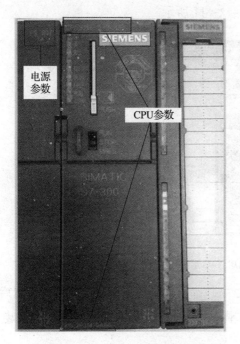

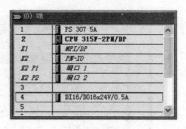

图 8—2—9 硬件配置相关参数在 S7–300 PLC 实物上的位置

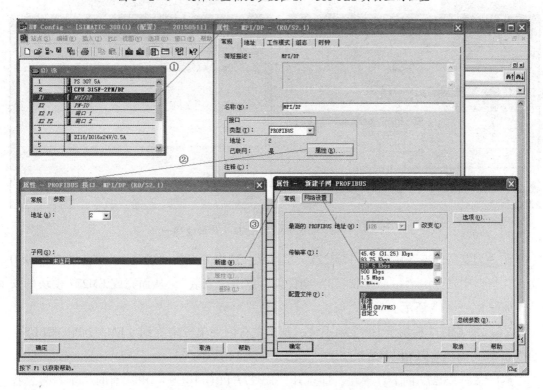

图 8—2—10 添加 DP 主站系统的步骤

添加 DP 主站系统完成后的画面如图 8—2—11 所示。

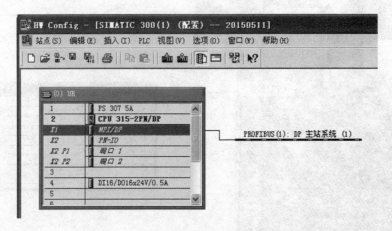

图 8—2—11　添加 DP 主站系统完成后的画面

6. 安装 EM277 GSD 文件。首先将 EM277 压缩文件解压缩到计算机桌面，然后点击硬件配置中"选项"，在下拉菜单中点击"安装 GSD 文件"，在出现的新窗口"安装 GSD 文件"点击"浏览"，如图 8—2—12 所示。

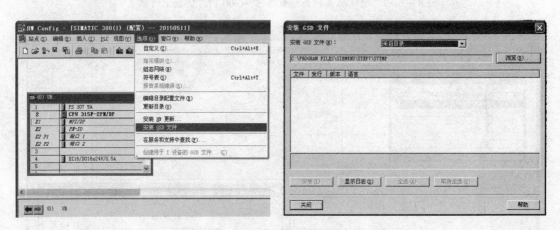

图 8—2—12　安装 EM277 GSD 文件的步骤一

在"浏览文件夹"中找到"EM277"文件夹，选中并点击"确定"，并在"安装 GSD 文件"窗口中先点击"siem089d. gsd"文件，再点击"安装"，从而完成 EM277 模块的安装，如图 8—2—13 所示。

7. 添加 EM277 模块至 DP 主站系统。首先在右侧菜单栏中找到"EM277 PROFIBUS－DP"并将其拖至左侧 DP 主站系统上，如图 8—2—14 所示。

然后添加 EM277 的 I/O 模块，即点开"EM277 PROFIBUS－DP"前的"＋"号，找到"2 Bytes OUT/2 Bytes IN"并将其拖至图 8—2—15 所示的位置中。

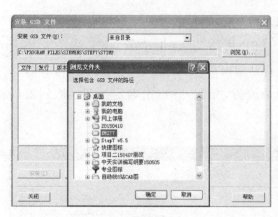

图 8—2—13 安装 EM277 GSD 文件的步骤二

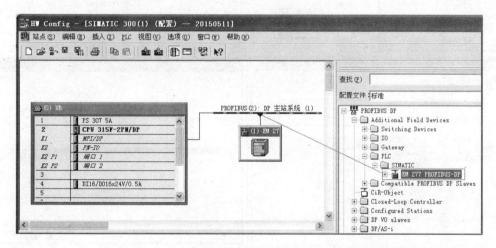

图 8—2—14 添加 EM277 模块至 DP 主站系统

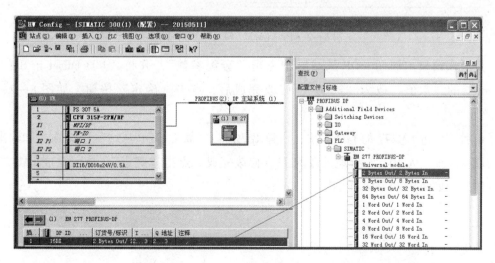

图 8—2—15 为 EM277 模块添加 I/O 模块

8. 修改 EM277 模块参数。首先修改 EM277 模块地址，双击 EM277 模块，如图 8—2—16中①处所示，打开新窗口"属性 – DP 从站"，点击"节点/主站系统"中"PROFIBUS"，如图 8—2—16 中②处所示，打开新窗口"属性 – PROFIBUS 接口 EM277 PROFIBUS – DP"窗口，在"参数"中将地址改为"3"，并点击确定按钮，回到窗口"属性 – DP 从站"。

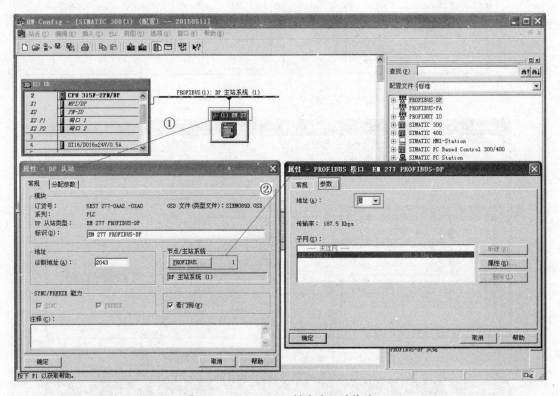

图 8—2—16　EM277 模块地址的修改

然后在窗口"属性 – DP 从站"中点击"分配参数"，并将"I/O Offset in the V – memoy"的"数值"改为"2000"，修改完成后，点击"确定"按钮，如图 8—2—17 所示。

最后，双击 EM277 的 I/O 模块，在弹出的窗口"属性 – DP 从站"中将输入和输出地址的启动地址改为10，结束地址改为11，修改完成后点击"确定"，从而完成 EM277 参数的修改，如图 8—2—18 所示。

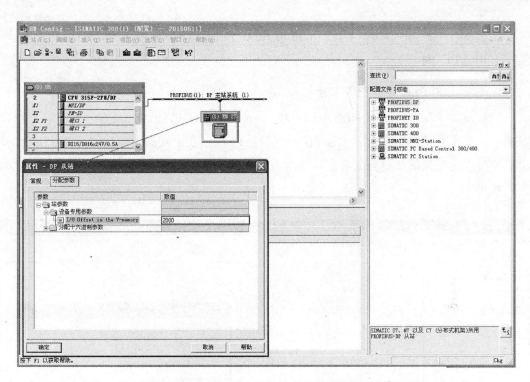

图 8—2—17　S7 – 200 PLC 单一从站编程时所用通信 I/O 参数的设定

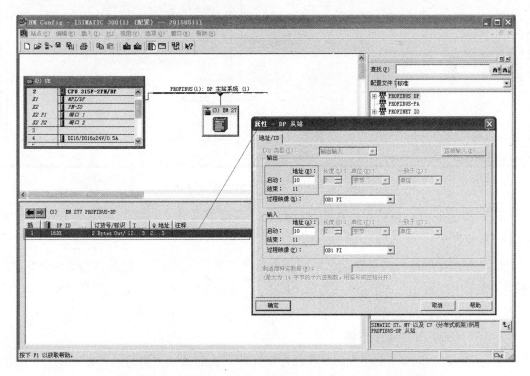

图 8—2—18　S7 – 300 PLC 主站编程时所用通信 I/O 参数的设定

三、将 S7 –300 PLC 软件配置好的硬件配置和编写完成的程序下载到 S7 –300 PLC 内

1. S7 –300 PLC 硬件配置下载

（1）设置 PG/PC 接口。如图 8—2—19 所示，在"SIMATIC Manager…"窗口下点击"选项"，在下拉菜单中点击"设置 PG/PC 接口（I）"，在出现的新窗口"设置 PG/PC 接口"中将"为使用的接口分配参数"修改为"PC Adapter（MPI）"，修改完成后点击"确定"按钮。

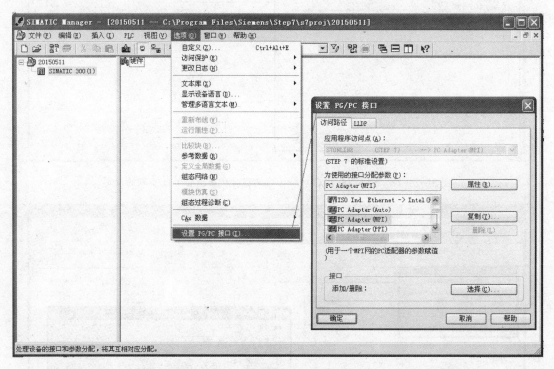

图 8—2—19　设置 PG/PC 接口窗口

（2）如图 8—2—20 所示，在"硬件配置"界面中点击"下载"，并在出现的窗口下点击"确定"。

（3）在出现的窗口"选择节点地址"下点击"显示"，如果计算机已与 S7 –300 PLC 连接，则选中"可访问的节点"中"2 CPU3…"并点击"确定"。直至回到"硬件配置"界面，如图 8—2—21 所示。

2. S7 –300 PLC 程序下载

S7 –300 PLC 程序下载是在完成其硬件配置和下载的基础上进行的，硬件配置下载所需的 PG/PC 接口与程序下载的 PG/PC 接口不同，需进行重新设置。需将窗口"设置 PG/PC

接口"中的"为使用的接口分配参数"修改为"PC Adapter（Auto）"，修改完成后，点击
"确定"按钮，便可进行程序的下载，如图8—2—22所示。

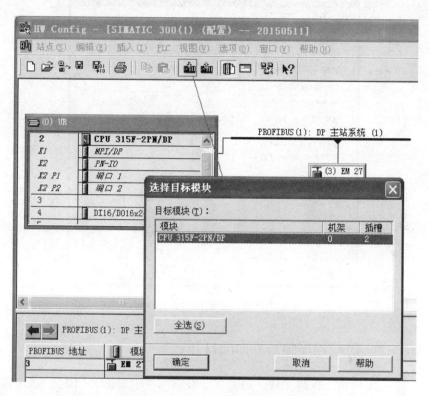

图8—2—20　硬件配置下载步骤一

图8—2—21　硬件配置下载步骤二

图 8—2—22 设置 PG/PC 接口窗口

四、S7 – 300 PLC 程序编写界面的打开

如图 8—2—23 所示，找到"块"并点击，在右侧栏中双击"OB1"，在出现的新窗口下将创建语言改为"LAD"，点击"确定"。

如图 8—2—24 所示的界面为 S7 – 300 PLC 的编程界面。

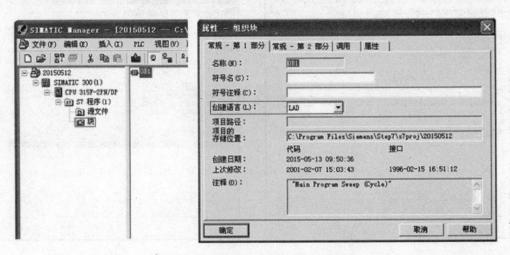

图 8—2—23 创建 S7 – 300 PLC 编程语言

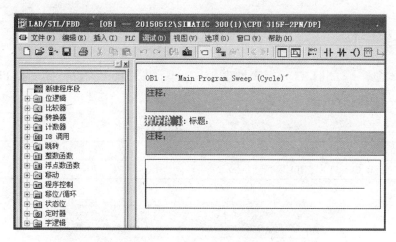

图 8—2—24　S7 – 300 PLC 的编程界面

五、关于外部设备的相关设置

1. 如图 8—2—25a 所示，①处为调节 DP 线通断的开关，可参考 DP 接线处标识进行调节，红色拨钮调到 ON 位置为 DP 数据有进有出，调到 OFF 位置则有进无出。如果只是两台设备通信，而且 DP 线均接于 DP 头进线口，则红色拨钮在 ON/OFF 处均可，如果是多台设备通信则需要将中间 DP 头打开，两端 DP 头关闭。

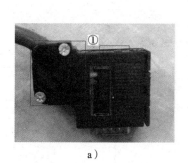

图 8—2—25　外部设备外观图
a）DP 线接头　b）EM277 模块

2. 如图 8—2—25b 中②处所示，用一字小改锥进行调节，一般"×10"旋钮指向"0"处，而"×1"旋钮需要与 S7 – 300 PLC 软件硬件配置中 EM277 模块地址相对应，在本任务中需将"×1"旋钮旋至"×3"处。

【任务实施】

1. 依据题意，写出 I/O 分配表见表 8—2—1，并完成相关设备导线和 PPI 数据线连接，如图 8—2—26 所示。

表 8—2—1　　　　　　　　项目八任务二 I/O 分配表

主站 PLC 地址				远程 PLC 地址			
SB1	I0.0	HL1	Q0.0	SB1	I0.0	HL1	Q0.0

图 8—2—26　导线和 PPI 数据线连接

2. 依据【相关知识】中关于 S7 - 300 PLC 软件设置方法，完成主站和从站 PLC 软件的相关设置，并编写主站和从站 PLC 程序，参考程序如图 8—2—27 所示。

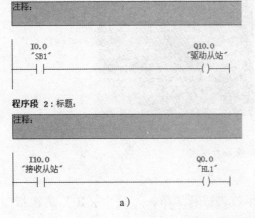

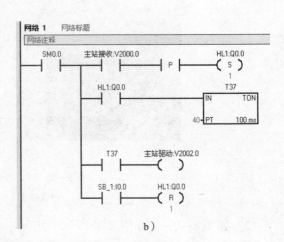

图 8—2—27　项目八任务二 PLC 编程参考

a) 主站 PLC 的 S7 - 300 程序　b) 从站 PLC 的 S7 - 200 程序

3. 将程序分别下载到主站 PLC 和从站 PLC 内，按下主站 PLC 启动按钮，则从站指示灯 HL1 亮，延时 4 s 后，主站指示灯 HL1 亮；按下从站停止按钮，两个指示灯同时熄灭。由此可知，两台 PLC 间完成了数据的传输和交换。

【知识扩展】

Profibus 总线连接器

PPI 网络使用 Profibus 总线连接器，西门子公司提供两种 Profibus 总线连接器，即标准 Profibus 总线连接器（见图 8—2—28a，订货号 6ES7972 - 0BA50 - 0XA0）和带编程接口的 Profibus 总线连接器（见图 8—2—28b，订货号 6ES7972 - 0BB50 - 0XA0），后者允许在不影响现有网络连接的情况下再连接一个编程站或者一个 HMI 设备到网络中。带编程接口的 Profibus 总线连接器将 S7 - 200 的所有信号（包括电源引脚）传到编程接口。这种连接器对于那些从 S7 - 200 取电源的设备（如 TD200）尤为有用。两种连接器都有两组螺钉连接端子，可以用来连接输入连接电缆和输出连接电缆。两种连接器也都有网络偏置和终端匹配的选择开关，如图 8—2—28c 所示。该开关在 ON 位置时接通内部的网络偏置和终端电阻，在 OFF 位置时则断开内部的网络偏置和终端电阻。连接网络两端节点设备的总线连接器应将开关放在 ON 位置，以减少信号的反射。

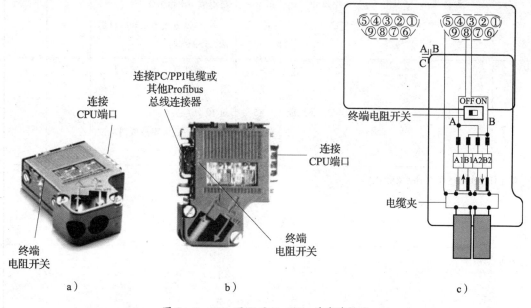

图 8—2—28　西门子 Profibus 总线连接器

【任务评价】（见表 8—2—2）

表 8—2—2　　　S7 - 300 PLC 与 S7 - 200 PLC 间 DP 通信的搭建任务评价表

班级：_____　姓名：_____　学号：_____　成绩：_____

序号	课题内容	考核要求	配分	评分标准	扣分	得分
1	I/O 分配表设计	1. 根据设计功能要求，正确分配输入点和输出点 2. 能根据任务要求，正确分配各种 I/O 量	15	1. 设计的点数与系统要求功能不符每处扣 2 分 2. 功能标注不清楚，每处扣 2 分 3. 少标、错标、漏标，每处扣 2 分		
2	程序设计	1. PLC 程序能正确实现系统控制功能 2. 梯形图程序及程序清单正确、完整	30	1. 梯形图程序未实现某项功能，酌情扣除 5 ~ 10 分 2. 梯形图画法不符合规定，程序清单有误，每处扣 2 分 3. 梯形图指令运用不合理，每处扣 2 分		
3	程序输入及调试	1. 指令输入熟练、正确 2. 程序编辑、调试方法正确	40	1. 指令输入方法不正确，每提醒一次扣 2 分 2. 程序编辑方法不正确，每提醒一次扣 2 分 3. 调试方法不正确，每提醒一次扣 2 分		
4	安全生产	按国家颁布的安全生产法规或企业规定考核	15	1. 每违反一项规定，从总分中扣除 2 分（总扣分不超过 10 分） 2. 发生重大事故取消考试资格		

学生任务实施过程的小结及反馈：

教师点评：

项目九

机电一体化设备综合实训

实训内容

1. 综合各模块完成自动化操作控制。
2. 机电一体化设备在典型自动控制中的应用。

实训目标

1. 掌握机电一体化设备各模块之间相互配合与控制程序的编写。
2. 掌握机电一体化设备综合控制的调试方法。

实训设备（见表9—1）

表9—1 机电一体化设备综合实训所需部件清单

序号	名称	数量
1	TVT – METSA – T 设备主体	一套
2	井式供料单元	一套
3	传送带传送检测单元	一套
4	行走机械手与仓库单元	一套
5	切削加工单元	一套
6	多工位装配单元	一套
7	S7 – 300 PLC 模块	一块
8	S7 – 300 编程电缆	一根
9	300 PLC 模块电源线	一根
10	S7 – 200 PLC 模块	两块
11	S7 – 200 编程电缆	一根
12	变频器模块	一块
13	连接导线	若干
14	25 针数据线	五根
15	DP 通信线（三头）	一根
16	伺服驱动器电源线	一根

任务一　综合各模块完成自动化操作控制

【任务描述】

用西门子 S7 – 300 PLC 和 S7 – 200 PLC 实现 TVT – METSA – T 模块化机电一体化设备的下述控制要求。

1. 系统上电后，设备自动回到初始位置，不在初始位置，设备不能启动。初始位置：料井、推料气缸缩回，传送带停止，电感气缸、电容气缸、颜色气缸均缩回，行走机械手停在原点，手臂转到右侧，手抓松开，步进电动机 X 轴、Y 轴回到原点，卡料气缸与钻孔电动机缩回，钻孔电动机不转动，伺服电动机圆盘找回原点，顶料气缸、料块推出气缸、料块装配气缸均缩回。

2. 在初始位置的情况下按下启动，设备开始运行。

3. 运行：若井式供料单元与多工位装配单元的料芯、料柱内没有料块与料芯，运行灯以 5 Hz 频率闪烁，传送带以 30 Hz 向左待机运行。当人工将料块投入井式供料单元，料芯投入多工位装配单元料芯料柱时，料井推料气缸将料块推至传送带上后缩回，运行灯由闪烁变为常亮，传送带由 30 Hz 的待机速度加速至 50 Hz 的运行速度。料块经过电感、电容、光纤三个传感器时，若电感传感器得电时，则跳至流程 4；若电容传感器得电时，则跳至流程 5；若光纤传感器得电时，则跳至流程 6；若光电传感器得电时，则跳至流程 7。

4. 检测出是带铁芯的料块，视为废料，传送带停止，电感气缸将料块打入滑槽，而后缩回，跳至流程 3。

5. 检测出是带铝芯的料块，视为废料，传送带停止，电容气缸将料块打入滑槽，而后缩回，跳至流程 3。

6. 检测出是黄色料块，视为废料，传送带停止，颜色气缸将料块打入滑槽，而后缩回，跳至流程 3。

7. 检测出是蓝色空芯料块，视为好料，到达光电传感器处，传送带停止，由行走机械手将料块送往切削加工单元，进行 3 s 的钻孔加工，而后由行走机械手将料块送往临时库位进行 5 s 的人工加工，此时可人工将料芯装入料块或不装入料芯，但要注意安全，以防夹手。人工加工完成后，由行走机械手将料块送往多工位装配单元，转盘转动 90°对料块进行检测，若有料芯，则转盘转动 270°将料块送往转盘原点处，若无料芯，则再次转动 90°对料块进行装配料芯加工，加工完成后，转盘转动 180°将料块送往转盘原点处。行走机械手抓起料块后，若一库二库均无料块，则将料块放入一库，若一库有料块而二库无料块，则将料块放入二库，若一库、二库均有料块，则行走机械手不动作，等待人工任意取走库中料块后，填补空缺库位。将料块送入库位后，行走机械手回到原点，跳至流程 3。

8. 若在运行中按下停止按钮，则运行灯熄灭，报警灯点亮，当完成流程 4、5、6、7 四种情况中任意一个动作时，设备不再跳至流程 3，设备停止运行，报警灯熄灭，再次按下启动，设备可再次运行。

9. 若在运行中按下急停按钮，设备立刻停止运行，所有动作保持不动，所有指示灯熄灭，松开急停后，设备回到初始位置，再次按下启动，设备可再次运行。

【任务分析】

本任务是在完成前面项目学习后进行的综合性实操训练，主要考察在完成各单元独立动作的基础上，增加各单元之间配合，通过各单元的联合动作完成对不良工件的剔除，及待加工工件的供给、传送、切削、装配等控制过程，最终将加工完成的工件搬运入库。

从本次任务设计题目来看，主要是让每个单元动起来，巩固前面项目中所学知识，而控制要求没有多余要求，但是控制过程较长，所以 I/O 信号和程序相对会比较多，编程和调试时应注意多利用软件自带的监控模式，对 PLC 信号进行监控，查找问题，修改程序。

欲完成此次任务，可参考【任务实施】中的 I/O 分配表对设备进行供电及 I/O 插接，并将参考程序下载至各 PLC 内，在完成 DP 网络连接和变频器的连接及参数的设置后，打开电源，按下启动按钮，观察设备运行情况。

【任务实施】

1. 依据题意写出 I/O 分配表，见表 9—1—1。

表 9—1—1 项目九任务一 I/O 分配表

输入			输出		
设备接线	地址	注释	设备接线	地址	注释
S7－300 PLC 主站 I/O 分配					
CH0 检测 1	I0.0	气缸退回限位	CH0 控制 1	Q0.0	气缸推出
CH0 检测 2	I0.1	气缸推出限位	运行灯	Q0.1	
CH0 检测 3	I0.2	料柱井料柱检测	停止灯	Q0.2	
SB_1	I0.3	启动按钮			
SB_2	I0.4	停止按钮			
SB_3	I0.5	急停			
S7－200 PLC 从站一 I/O 分配					
CH0 检测 1	I0.0	电感	CH0 控制 1	Q0.2	电感气缸
CH0 检测 2	I0.1	电容	CH0 控制 2	Q0.3	电容气缸
CH0 检测 3	I0.2	颜色	CH0 控制 3	Q0.4	颜色气缸
CH0 检测 4	I0.3	光电	DI0	Q0.5	变频器启动
			DI1	Q0.6	30 Hz
			DI2	Q0.7	50 Hz
CH1 检测 1	I1.0	转盘原点	CH1 控制 1	Q0.0	转盘 CP
CH1 检测 2	I1.1	料块检测	CH1 控制 2	Q0.1	转盘 DIR
CH1 检测 3	I1.2	料块芯检测	CH1 控制 3	Q1.0	工件固定气缸
CH1 检测 4	I1.3	料芯井料芯检测	CH1 控制 4	Q1.1	料块推出气缸
CH1 检测 5	I1.4	料块固定	CH1 控制 5	Q1.2	压料柱气缸
CH1 检测 6	I1.5	压料柱回位			
CH1 检测 7	I1.6	压料柱到位			
CH1 检测 8	I1.7	临时库位			
S7－200 PLC 从站二 I/O 分配					
CH0 检测 1	I0.0	A 相	CH0 控制 1	Q0.4	机械手向右旋转
CH0 检测 2	I0.1	B 相	CH0 控制 2	Q0.5	机械手向左旋转
CH0 检测 3	I0.2	原点	CH0 控制 3	Q0.6	机械手下降
CH0 检测 4	I0.3	终点限位	CH0 控制 4	Q0.7	手抓夹紧
CH0 检测 5	I0.4	手臂右限位	CH0 控制 5	Q1.0	机械手离开原点
CH0 检测 6	I0.5	手臂左限位	CH0 控制 6	Q1.1	机械手靠近原点
CH0 检测 7	I0.6	库 1			
CH0 检测 8	I0.7	库 2			

续表

输入			输出		
设备接线	地址	注释	设备接线	地址	注释
S7－200 PLC 从站二 I/O 分配					
CH1 检测 1	I1.0	X 轴原点	CH1 控制 1	Q0.0	CP1
CH1 检测 2	I1.1	X 轴限位	CH1 控制 2	Q0.2	DIR1
CH1 检测 3	I1.2	Y 轴原点	CH1 控制 3	Q0.1	CP2
CH1 检测 4	I1.3	Y 轴限位	CH1 控制 4	Q0.3	DIR2
CH1 检测 5	I1.4	Z 轴原点	CH1 控制 5	Q1.2	Z 轴下降
			CH1 控制 6	Q1.3	工作台夹紧
			CH1 控制 7	Q1.4	钻运行

2. 根据 I/O 分配表进行设备连线

（1）用 25 针数据线将两个 S7－200 PLC 模块和 S7－200 PLC 模块与各单元连接。

（2）依据接线柱颜色完成 PLC 供电、I/O 供电及切削加工单元供电的电源连接，即红色接线柱为 24 V 正极，黑色接线柱为 24 V 负极。

（3）依据 I/O 分配表完成 PLC 输入、输出的连接。

（4）完成变频器电源线的连接和参数的设置，见表 9—1—2。

表 9—1—2　　　　　项目九任务一变频器参数

序号	参数代号	参数意义	设置值	设置值说明
1	P0010	快速调试	30	调出出厂设置参数 1＝快速调试　0＝运行设备
2	P0970	工厂复位	1	恢复出厂值（回复缺省）
3	P0003	参数访问级	2	
4	P0700	选择命令源	2	1＝由面板输入，2＝由端子排输入
5	P0701	数字输入 0 的功能	2	2＝ON 反向/OFF1
6	P0702	数字输入 1 的功能	15	15＝固定频率选择位 0
7	P0703	数字输入 2 的功能	16	16＝固定频率选择位 1
8	P1000	选择频率设定值的信号源	3	3＝固定频率
9	P1001	固定频率 1	30.0 Hz	
10	P1002	固定频率 2	50.0 Hz	
11	P1120	斜坡上升时间	1 s	缺省值：10 s
12	P1121	斜坡下降时间	1 s	缺省值：10 s

3. 根据控制要求编写 PLC 控制程序，并将程序下载到 PLC 中。参考程序见附录五。

4. 将已编写好的程序下载到设备中并调试。

（1）检查 I/O 接线及各模块电源供给线是否连接正确。

（2）检查各气缸节流阀开口是否在合适位置，避免节流阀拧紧致使气缸不动作。

（3）程序调试可在编程软件"程序状态监控"模式下进行，以便找出问题点加以修改。

注意事项：

- 出现卡料现象时应立即断电，排除故障后方可通电。

- 多工位装配单元卡料气缸伸出时，伺服电动机不能运行。

- 在使用步进电动机时，不要让步进电动机进行长时间堵转，应检查步进电动机的左右限位开关是否有效，如在限位处不能停止，则需要切断电源，防止电动机做超量程运行而过载。

- 在选择脉冲的输出频率时，注意步进电动机运行的声音，请不要在步进电动机噪声很大的情况下做长时间运行。

- 设备在运行过程中，请勿用身体部位接触设备，以免造成人身伤害。

任务二　机电一体化设备在典型自动控制中的应用

【任务描述】

按表 9—2—1 中的控制要求，用 S7 – 300 PLC 和 S7 – 200 PLC 完成 TVT – METSA – T 模块化机电一体化设备的控制。

表 9—2—1　　　　　机电一体化设备在典型自动控制中的应用测试

控制流程描述	说明
上电后，设备自动回到初始状态	
1. 初始状态	
料井推料气缸缩回，传送带停止，电感气缸、电容气缸、颜色气缸均缩回，行走机械手停在原点，手臂转到右侧，手抓松开，步进电动机 X 轴、Y 轴回到原点，卡料气缸与钻孔电动机缩回，钻孔电动机不转动，伺服电动机圆盘找回原点，顶料气缸、料块推出气缸、料块装配气缸均缩回	
在初始状态下按下启动按钮，设备进入运行状态	

续表

控制流程描述	说明
在井式供料单元内无料的情况下，传送带以30 Hz待机速度运行，无料报警灯闪烁	
在井式供料单元内有料的情况下，推料气缸伸出将料块推至传送带单元	
2. 井式供料单元	
报警灯闪烁	料井内无料
报警灯熄灭	料井内有料
当发现料井内有料时推料气缸伸出，到达限位后缩回	
当传送带上有料时，推料气缸不做推料动作	
3. 传送带传送与检测单元	
传送带上无料块时，传送带以30 Hz待机速度运行	
传送带上有料块时，传送带以50 Hz速度运行	
若发现铁芯料块，则在电感传感器下停止，由电感气缸打入滑槽	
若发现铝芯料块，则在电容传感器下停止，由电容气缸打入滑槽	
蓝色空芯料块和黄色空芯料块到达光电传感器处停止	
4. 行走机械手与仓库单元	
若发现黄色空芯料块，则将料块送往切削加工单元进行加工	
若发现蓝色空芯料块，则将料块送往多工位装配单元进行装配	
若发现切削完成后的黄色料块，则将料块送往二库	
若发现装配完成后的蓝色料块，则将料块送往一库	
若发现库位原本有料块，则库位有料报警灯闪射，机械手抓起料块后等待人工清理库位后运送	
若多工位装配单元正在加工，传送带有蓝色空芯料块需要运送时，则等待多工位装配单元装配完成，优先将装配完的蓝色料块送入库内后，再运送传送带上的空芯料块	
若切削加工单元正在加工，传送带有黄色空芯料块需要运送时，则等待切削加工单元加工完成，优先将加工完的黄色料块送入库内后，再运送传送带上的空芯料块	
若同时需要将料块送入库内与将料块送往加工单元时，优先将料块送入库内	
5. 切削加工单元	
当料块送到托盘上时，卡料气缸伸出，由 X 轴、Y 轴步进电动机将托盘送往电钻下进行3 s的钻孔，而后送回原点	
6. 多工位装配单元	
当料块送到托盘上时，转盘正转90°，进行2 s检测	
若料块有料芯，则正转270°送回原点	
若料块无料芯，则送到装配组合下进行装配，装配完成后，正转180°将料块送往原点	
若装配时发现料柱内无料芯，则无料芯报警灯闪烁，等待人工投料	

【任务分析】

本任务是在完成前面项目学习后进行的综合性实操训练，难度上相对于任务一有所增加，其主要难点为考虑到工件加工过程中遇到的多种情况。同时增加了控制项目的配分，有助于对设备所需进行自我检测。

在进行程序编写时，学习者应该认真审题，合理分配 S7 – 200 PLC 模块所控制单元，有助于降低编程难度。

设备各单元控制端子功能见表9—2—2。

表9—2—2　　　　　　　　　　设备各单元控制端子功能

井式供料单元			
检测 1	气缸退回限位	控制 1	气缸推出
检测 2	气缸推出限位		
检测 3	料柱井料柱检测		
传送带传送单元			
检测 1	电感	控制 1	气缸 1
检测 2	电容	控制 2	气缸 2
检测 3	颜色	控制 3	气缸 3
检测 4	光电		
行走机械手单元			
检测 1	A 相	控制 1	旋转 1
检测 2	B 相	控制 2	旋转 2
检测 3	原点	控制 3	下降
检测 4	终点限位	控制 4	夹紧
检测 5	手臂右限位	控制 5	离开原点
检测 6	手臂左限位	控制 6	靠近原点
检测 7	库 1		
检测 8	库 2		
转盘单元			
检测 1	转盘原点	控制 1	转盘 CP
检测 2	料块检测	控制 2	转盘 DIR
检测 3	料块芯检测	控制 3	工件固定气缸
检测 4	芯井料芯检测	控制 4	料块推出气缸

续表

转盘单元			
检测 5	料块固定	控制 5	压料柱气缸
检测 6	压料柱回位		
检测 7	压料柱到位		
检测 8	临时库位		
钻孔单元			
检测 1	X 轴原点	控制 1	CP1
检测 2	X 轴限点	控制 2	DIR1
检测 3	Y 轴原点	控制 3	CP2
检测 4	Y 轴限点	控制 4	DIR2
检测 5	Z 轴原点	控制 5	工作台夹紧
		控制 6	Z 轴下降
		控制 7	钻运行

编写此次任务程序前，可参考【任务实施】中的 I/O 分配表对设备进行供电及 I/O 插接，并将参考程序下载至各 PLC 内，在完成 DP 网络连接和变频器的连接及参数的设置后，打开电源，按下启动按钮，观察设备运行情况。从而熟知设备运行过程，有助于编程思路的打开。

【任务实施】

1. 依据题意写出 I/O 分配表，见表 9—2—3。

表 9—2—3 项目九任务二 I/O 分配表

输入			输出		
设备接线	地址	注释	设备接线	地址	注释
S7 - 300 PLC 主站 I/O 分配					
CH0 检测 1	I0. 0	气缸退回限位	CH0 控制 1	Q0. 0	气缸推出
CH0 检测 2	I0. 1	气缸推出限位	HL_ 1	Q0. 1	料井无料报警灯
CH0 检测 3	I0. 2	料柱井料柱检测			
SB_ 1	I0. 3	启动按钮			
S7 - 200 PLC 从站一 I/O 分配					
CH0 检测 1	I0. 0	X 轴原点	CH0 控制 1	Q0. 0	CP1
CH0 检测 2	I0. 1	X 轴限位	CH0 控制 2	Q0. 2	DIR1

输入			输出		
设备接线	地址	注释	设备接线	地址	注释
CH0 检测 3	I0.2	Y 轴原点	CH0 控制 3	Q0.1	CP2
CH0 检测 4	I0.3	Y 轴限位	CH0 控制 4	Q0.3	DIR2
CH0 检测 5	I0.4	Z 轴原点	CH0 控制 5	Q0.4	Z 轴下降
			CH0 控制 6	Q0.5	工作台夹紧
			CH0 控制 7	Q0.6	钻运行
CH1 检测 1	I1.0	电感	CH1 控制 1	Q1.0	电感气缸
CH1 检测 2	I1.1	电容	CH1 控制 2	Q1.1	电容气缸
CH1 检测 3	I1.2	颜色	CH1 控制 3	Q1.2	颜色气缸
CH1 检测 4	I1.3	光电	DI0	Q1.3	变频器启动
			DI1	Q1.4	30 Hz
			DI2	Q1.5	50 Hz
S7 - 200 PLC 从站二 I/O 分配					
CH0 检测 1	I0.0	转盘原点	CH0 控制 1	Q0.0	转盘 CP
CH0 检测 2	I0.1	料块检测	CH0 控制 2	Q0.1	转盘 DIR
CH0 检测 3	I0.2	料块芯检测	CH0 控制 3	Q0.2	工件固定气缸
CH0 检测 4	I0.3	料芯井料芯检测	CH0 控制 4	Q0.3	料块推出气缸
CH0 检测 5	I0.4	料块固定	CH0 控制 5	Q0.4	压料柱气缸
CH0 检测 6	I0.5	压料柱回位	HL_ 2	Q0.5	无料芯报警
CH0 检测 7	I0.6	压料柱到位	HL_ 1	Q0.6	库位有料报警
CH0 检测 8	I0.7	临时库位			
CH1 检测 1	I1.2	A 相	CH1 控制 1	Q1.0	机械手向右旋转
CH1 检测 2	I1.3	B 相	CH1 控制 2	Q1.1	机械手左旋转
CH1 检测 3	I1.0	原点	CH1 控制 3	Q1.2	机械手下降
CH1 检测 4	I1.1	终点限位	CH1 控制 4	Q1.3	手抓夹紧
CH1 检测 5	I1.4	手臂右限位	CH1 控制 5	Q1.4	机械手离开原点
CH1 检测 6	I1.5	手臂左限位	CH1 控制 6	Q1.5	机械手靠近原点
CH1 检测 7	I1.6	库 1			
CH1 检测 8	I1.7	库 2			

2. 根据 I/O 分配表进行设备连线

（1）用 25 针数据线将两个 S7 - 200 PLC 模块和 S7 - 200 PLC 模块与各单元连接。

（2）依据接线柱颜色完成 PLC 供电、I/O 供电及切削加工单元供电的电源连接，即红色接线柱为 24 V 正极，黑色接线柱为 24 V 负极。

（3）依据 I/O 分配表完成 PLC 输入、输出的连接。

（4）完成变频器电源线的连接和参数的设置，见表 9—2—4。

表 9—2—4　　　　　　　　　　项目九任务二变频器参数

序号	参数代号	参数意义	设置值	设置值说明
1	P0010	快速调试	30	调出出厂设置参数 1 = 快速调试，0 = 运行设备
2	P0970	工厂复位	1	恢复出厂值（回复缺省）
3	P0003	参数访问级	2	
4	P0700	选择命令源	2	1 = 由面板输入，2 = 由端子排输入
5	P0701	数字输入 0 的功能	2	2 = ON 反向/OFF1
6	P0702	数字输入 1 的功能	15	15 = 固定频率选择位 0
7	P0703	数字输入 2 的功能	16	16 = 固定频率选择位 1
8	P1000	选择频率设定值的信号源	3	3 = 固定频率
9	P1001	固定频率 1	30.0 Hz	
10	P1002	固定频率 2	50.0 Hz	
11	P1120	斜坡上升时间	1 s	缺省值：10 s
12	P1121	斜坡下降时间	1 s	缺省值：10 s

3. 根据控制要求编写 PLC 控制程序，并将程序下载到 PLC 中。参考程序见附录五。

4. 将已编写好的程序下载到设备中并调试

（1）检查 I/O 接线及各模块电源供给线是否连接正确。

（2）检查各气缸节流阀开口是否在合适位置，避免节流阀拧紧致使气缸不动作。

（3）程序调试可在编程软件"程序状态监控"模式下进行，以便找出问题点加以修改。

注意事项：

● 出现卡料现象时应立即断电，排除故障后方可通电。

● 多工位装配单元卡料气缸伸出时，伺服电动机不能运行。

● 在使用步进电动机时，不要让步进电动机进行长时间堵转，应检查步进电动机的左右限位开关是否有效，如在限位处不能停止，则需要切断电源，防止电动机做超量程运行而过载。

● 在选择脉冲的输出频率时，注意步进电动机运行的声音，请不要在步进电动机噪声很大的情况下做长时间运行。

● 设备在运行过程中，请勿用身体部位接触设备，以免造成人身伤害。

附录一　TVT‑METSA‑T 型模块化机电一体化综合实训装置常见故障的排除

序号	故障现象	可能原因	解决办法
1	启动后推料气缸不推料	物料井内无工件	将工件放入物料井
		物料井内有工件，但传感器没有检测到或工件位置不合适	调节传感器（A‑SQ3）和工件位置，使其能检测到工件
		出料气缸原点传感器没有调节好	调节 A‑SQ1 位置使其能正常检测磁性气缸磁环
		行走机械手没有回到原点，或旋转气缸没有回到原点	调节传感器 A‑SQ2、A‑SQ4 和 A‑SQ5，使其能正常工作
		气压不足或节流阀调整太紧	升高气压、松开节流阀，可先手动进行测试
		PLC 输入输出接线错误	重新检查接线
2	气缸推料后不退回	A‑SQ2 位置不合适	调节 A‑SQ2 至适合位置
		气压不足或节流阀调整太紧	升高气压、松开节流阀，可先手动进行测试
		PLC 输入输出接线错误	重新检查接线
3	变频器不工作	参数设置错误	首先让变频器恢复出厂设置，然后按照说明重新设置变频器
		变频器没有接地	连接变频器 9 号端子至 0 V（GND）
		PLC 输入输出接线错误	重新检查接线
4	气缸不能将工件推进滑槽	传感器没有正确识别物件或灵敏度、高速调节不合适	调节传感器，使其正常工作
		PLC 输入输出接线错误	重新检查接线
		传感器左右位置不当	传感器左右位置是工件能准确推进滑槽
		气压不足或节流阀调整太紧	升高气压、松开节流阀，可先手动进行测试
5	旋转气缸不能正确复位	旋转气缸气路连接错误	调整旋转气缸气路
		气压不足或节流阀调整太紧	升高气压、松开节流阀，可先手动进行测试
		A‑SQ4 和 A‑SQ5 传感器位置不当或错误	调整传感器
		PLC 输入输出接线错误	重新检查接线

续表

序号	故障现象	可能原因	解决办法
6	步进电动机运行方向相反	步进电动机运行线圈连接错误	交换步进电动机线圈 A + 和 A - ，或交换线圈 B + 和 B -
7	步进电动机运行过快或过慢	细分调节错误	按照说明改变步进电动机细分
8	切削电钻没有运行	钻的电源开关没有打开	打开电源开关
		钻上面的接插件松动	紧固接插件

附录二 TVT – METSA – T 型模块化机电一体化综合实训装置保修与维护

TVT – METSA 平台具有机、电、气集于一身的技术密集、知识密集的特点，是一种自动化程度高、结构复杂且性能价格比较高的先进教学仪器设备。为了充分发挥其效益，较少故障的发生，必须做好日常维护工作。主要有下列内容。

1. 环境的选择与维护

选择合适的使用环境。TVT – METSA 平台的使用环境（如温度、湿度、震动、电压电源、频率及干扰）会影响系统的正常运行，故在安装时应做到符合相关的元器件规定的安装条件和要求。

2. 长期储存的方法

长期不用 TVT – METSA 平台时，应该常给系统通电，使其空载运行。在空气湿度较大的梅雨季节应该定期通电，利用电器元件本身发热驱走电器元件的潮气，以保证电子部件性能稳定可靠。同时要加盖防尘布，防止灰尘。

3. 气缸的安全、维护与保养

气缸的推杆采用不锈钢材料制作，应保持其杆件标明的精度和光洁度，否则会影响其运动精度。同时应在其额定的负载范围内工作，且推杆不能承受径向力。每个月至少一次清洁气缸与润滑油并手动运动气缸。

4. 二联件的维护与保养

根据设备使用频率进行保养。使用频率较低时，油盅不要加油，在气缸出杆上涂润滑油同样能够起到润滑作用。使用频率很高时，油盅油面在最高刻线的 1/4 处为最佳，且不能低于其下限刻度，润滑油型号为透平 1#。用户可根据该物流系统的使用率酌情而定。二联件从气体中过滤出的水应及时排除，以免影响气体的湿度，提高气动元件的使用寿命。当空气过滤器中的水达到 1/4 时，断开气源，将接水容器放在排水口下方，向上推水阀，积水能自然流出。

5. 直线导轨、滚珠丝杠的安全、维护与保养

因直线导轨、滚珠丝杠是最精密器件，且与空气直接接触，所以要保证其在正常空气环境下使用，运行前应检查导轨润滑正常。每月一次擦净直线导轨、滚珠丝杠上旧的润滑油，涂上新的润滑油，如果导轨、丝杠在运动过程中出现噪声、运动不平稳等现象，应及

时维修、保养，提高导轨、丝杠的使用寿命。

6. 直流电动机安全、维护与保养

要注意磨合使用，这是延长电动机使用寿命的基础，无论是新的还是大修后的电动机，都必须按规范进行磨合后，方能投入正常使用。经常检查紧固部位，如电动机在使用过程中受振动冲击和负载不均等影响，螺栓、螺母容易松动，应仔细检查，以免造成因松动而损坏机件。这样既能保证电动机经常处于良好状态，还能节省能耗，延长使用寿命。

7. 传输装置的安全、维护与保养

传送平行带上装有平行带张紧装置，当平行带在运动过程中出现打滑现象和调节平行带张紧装置时平行带张紧，但不能超过平行带的允许极限应力，否则会降低平行带的使用寿命，调节后平行带应以手指按下 2～5 mm 为准。此外，在调节平行带的张紧装置时应使平行带受力均匀。同步带要保持松紧适度的状态，过紧运动阻力太大，太松会打滑。

8. 电气线路与气路的安全、维护及保养

周期性的进行绝缘检查，确认绝缘的可靠性。观察气压表，系统工作时气压值应保持在 0.4 MPa ± 10% 为正常。

9. 传感器的安全、维护与保养

保持传感器表面清洁，先用空气压缩机除尘，表面污渍采用中性清洁剂清洗。

10. 其他

设备应避免日光直接照射，否则会加速器件老化缩短寿命。

每次使用前检查五金件，保持螺钉紧固状态。

附录三 西门子 G120 变频器常用参数设置

序号	参数代号	参数意义	默认值	参数值说明
1	P0970	工厂复位	0	0：禁止复位 1：参数复位 10：安全保护参数复位
2	P0010	调试参数过滤器	0	0：准备 1：快速调试 2：变频器 29：下载 30：工厂设置值 95：安全保护调试，仅适用于安全保护的控制单元
3	P0003	参数访问级	1	0：用户定义的参数表 1：标准级，可以访问最经常使用的一些参数 2：扩展级，允许扩展访问参数的范围，如变频器的 I/O 功能 3：专家级，只供专家使用 4：维修级，只供授权的维修人员使用，具有密码保护
4	P0004	参数过滤器	0	全部参数
5	P0005	显示选择	21	实际频率
6	P0006	显示方式	2	在"运行准备"状态下，交替显示 P0005 的值和 r0020. 的值。在"运行"状态下，只显示 P0005 的值
7	P0100	使用地区	0	参数用于确定功率设定值单位（KM 或 HP）和频率缺省值
8	P0300	电动机类型	2	1 = 异步电动机，2 = 同步电动机

续表

序号	参数代号	参数意义	默认值	参数值说明
9	P0304	额定电动机电压	400 V	请依据实际电动机铭牌参数进行修改
10	P0305	额定电动机电流	1.86 A	
11	P0307	额定电动机功率	0.75 W	
12	P0310	额定电动机频率	50 Hz	
13	P0700	命令源的选择	2	0：工厂的缺省设置 1：BOP 操作面板 2：由端子控制 4：来自 RS232 的 USS 6：现场总线
14	P0701	数字输入 0 的功能	1	0：数字量输入禁用 1：ON/OFF1 2：ON 反向/OFF
15	P0702	数字输入 1 的功能	12	3：OFF2——自由停车 4：OFF3——快速斜坡停车 9：故障确认 10：正向点动
16	P0703	数字输入 2 的功能	9	11：反向点动 12：反向 13：MOP 上升（增加速度） 14：MOP 下降（降低速度）
17	P0704	数字输入 3 的功能	15	15：固定频率选择为 0 16：固定频率选择为 1 17：固定频率选择为 2 18：固定频率选择为 3
18	P0705	数字输入 4 的功能	16	25：直流制动使能 27：使能 PID 29：外部跳闸信号
19	P0706	数字输入 5 的功能	17	33：禁用附加频率设定 99：使能 BICO 参数化
20	P1000	选择频率设定值的信号源	2	0：无主设定值 1：MOP 设定值 2：模拟量设定值 3：固定频率

续表

序号	参数代号	参数意义	默认值	参数值说明
21	P1001	固定频率 1	0.00 Hz	有两种不同的固定频率选择方式
22	P1002	固定频率 2	5.00 Hz	1. 直接选择（P1016 = 1） 在这种运行方式下，1 个固定频率选择信号（P1020…P1023）选择 1 个固定频率
23	P1003	固定频率 3	10.00 Hz	
24	P1004	固定频率 4	15.00 Hz	如果几个 I 输入同时有效，那么所选的固定频率将是它们的和。例如：FF1 + FF2 + FF3 + FF4
25	P1005	固定频率 5	20.00 Hz	
26	P1006	固定频率 6	25.00 Hz	2. 二进制编码选择（P1016 = 2）
27	P1007	固定频率 7	30.00 Hz	采用这种选择方式可以选择多达 16 个不同的固定频率值
28	P1008	固定频率 8	40.00 Hz	固定频率的选择是按照 FP3210 进行的
29	P1016	频率选择方式	1	1：直接选择；2：二进制编码选择
30	P1120	斜坡上升时间	10.00 s	
31	P1121	斜坡下降时间	10.00 s	

附录四 S7-200 的 SIMATIC 指令集简表

布尔指令		
LD	N	装载（开始的常开触点）
LDI	N	立即装载
LDN	N	取反后装载（开始的常闭触点）
LDNI	N	取反后立即装载
A	N	与（串联的常开触点）
AI	N	立即与
AN	N	取反后与（串联的常开触点）
ANI	N	取反后立即与
O	N	或（并联的常开触点）
OI	N	立即或
ON	N	取反后或（并联的常开触点）
ONI	N	取反后立即与
LDBx	N1，N2	装载字节比较结果 N1（x：<，<=，=，>=，>，<>）N2
ABx	N1，N2	与字节比较结果 N1（x：<，<=，=，>=，>，<>）N2
OBx	N1，N2	或字节比较结果 N1（x：<，<=，=，>=，>，<>）N2
LDWx	N1，N2	装载字比较结果 N1（x：<，<=，=，>=，>，<>）N2
AWx	N1，N2	与字比较结果 N1（x：<，<=，=，>=，>，<>）N2
OWx	N1，N2	或字比较结果 N1（x：<，<=，=，>=，>，<>）N2
LDDx	N1，N2	装载双字比较结果 N1（x：<，<=，=，>=，>，<>）N2
ADx	N1，N2	与双字比较结果 N1（x：<，<=，=，>=，>，<>）N2
ODx	N1，N2	或双字比较结果 N1（x：<，<=，=，>=，>，<>）N2
LDRx	N1，N2	装载实数比较结果 N1（x：<，<=，=，>=，>，<>）N2
ARx	N1，N2	与实数比较结果 N1（x：<，<=，=，>=，>，<>）N2
ORx	N1，N2	或实数比较结果 N1（x：<，<=，=，>=，>，<>）N2
NOT		栈顶值取反
EU		上升沿检测
ED		下降沿检测

续表

布尔指令		
=	N	赋值（线圈）
= I	N	立即赋值
S	S_ BIT, N	置位一个区域
R	S_ BIT, N	复位一个区域
SI	S_ BIT, N	立即置位一个区域
RI	S_ BIT, N	立即复位一个区域
传送、移位、循环和填充指令		
MOVB	IN, OUT	字节传送
MOVW	IN, OUT	字传送
MOVD	IN, OUT	双字传送
MOVR	IN, OUT	实数传送
BIR	IN, OUT	立即读取物理输入字节
BIW	IN, OUT	立即写物理输出字节
BMB	IN, OUT, N	字节块传送
BMW	IN, OUT, N	字块传送
BMD	IN, OUT, N	双字块传送
SWAP	IN	交换字节
SHRB	DATA, S_ BIT, N	移位寄存器
SRB	OUT, N	字节右移 N 位
SRW	OUT, N	字右移 N 位
SRD	OUT, N	双字右移 N 位
SLB	OUT, N	字节左移 N 位
SLW	OUT, N	字左移 N 位
SLD	OUT, N	双字左移 N 位
RRB	OUT, N	字节右移 N 位
RRW	OUT, N	字右移 N 位
RRD	OUT, N	双字右移 N 位
RLB	OUT, N	字节左移 N 位
RLW	OUT, N	字左移 N 位
RLD	OUT, N	双字左移 N 位
FILL	IN, OUT, N	用指定的元素填充存储器空间

附录五 参 考 程 序

项目一 任务二（第 27 页）

【任务实施】参考程序：

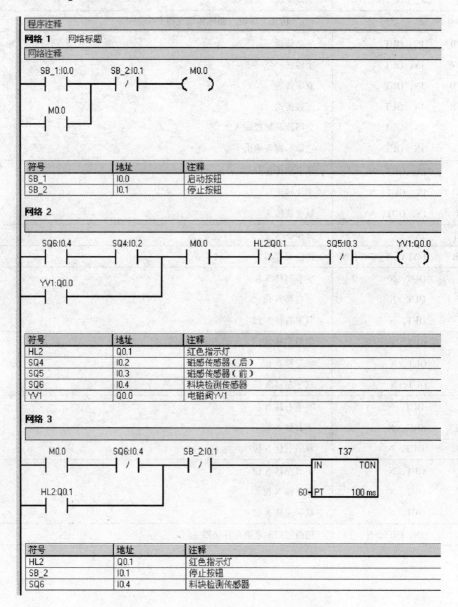

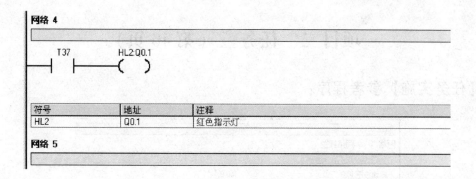

网络 4

T37 ──┤ ├── HL2:Q0.1 ──( )

符号	地址	注释
HL2	Q0.1	红色指示灯

网络 5

项目二　任务二（第 41 页）

【任务实施】参考程序：

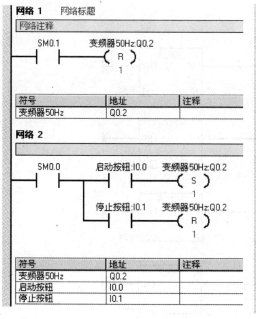

网络 1　网络标题

网络注释

SM0.1 ── 变频器50Hz:Q0.2 ──(R) 1

符号	地址	注释
变频器50Hz	Q0.2	

网络 2

SM0.0 ── 启动按钮:I0.0 ── 变频器50Hz:Q0.2 ──(S) 1

停止按钮:I0.1 ── 变频器50Hz:Q0.2 ──(R) 1

符号	地址	注释
变频器50Hz	Q0.2	
启动按钮	I0.0	
停止按钮	I0.1	

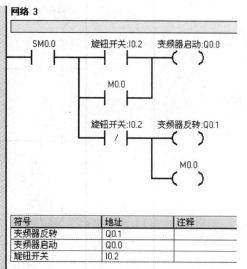

网络 3

SM0.0 ── 旋钮开关:I0.2 ── 变频器启动:Q0.0 ──( )

M0.0

旋钮开关:I0.2 ── 变频器反转:Q0.1 ──( )

M0.0 ──( )

符号	地址	注释
变频器反转	Q0.1	
变频器启动	Q0.0	
旋钮开关	I0.2	

网络 4

229

项目二　任务三（第 46 页）

【任务实施】参考程序：

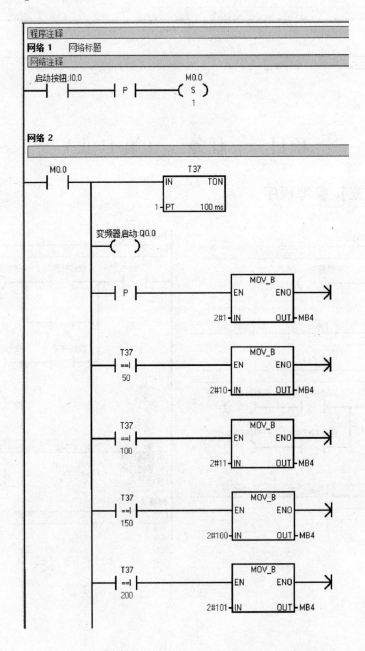

网络 2

```
    T37          变频器反~:Q0.1
    >=|              ( )
    250

    T37                    ┌─────────┐
    ==|                    │  MOV_B  │
    250                  ──┤EN    ENO├──>
                           │         │
                    2#110─┤IN    OUT├─MB4
                           └─────────┘

    T37                    ┌─────────┐
    ==|                    │  MOV_B  │
    300                  ──┤EN    ENO├──>
                           │         │
                    2#111─┤IN    OUT├─MB4
                           └─────────┘

    T37                    ┌─────────┐
    ==|                    │  MOV_B  │
    350                  ──┤EN    ENO├──>
                           │         │
                   2#1000─┤IN    OUT├─MB4
                           └─────────┘

    T37           T37
    ==|          ( R )
    400           1
                 M0.0
                ( R )
                  1
```

网络 3

```
  SM0.0    M4.0    变频器输入1:Q0.2
  ─┤ ├──┬──┤ ├────────( )
        │
        │   M4.1    变频器输入2:Q0.3
        ├──┤ ├────────( )
        │
        │   M4.2    变频器输入3:Q0.4
        ├──┤ ├────────( )
        │
        │   M4.3    变频器输入4:Q0.5
        └──┤ ├────────( )
```

项目三　任务一（第56页）

【任务实施】参考程序：

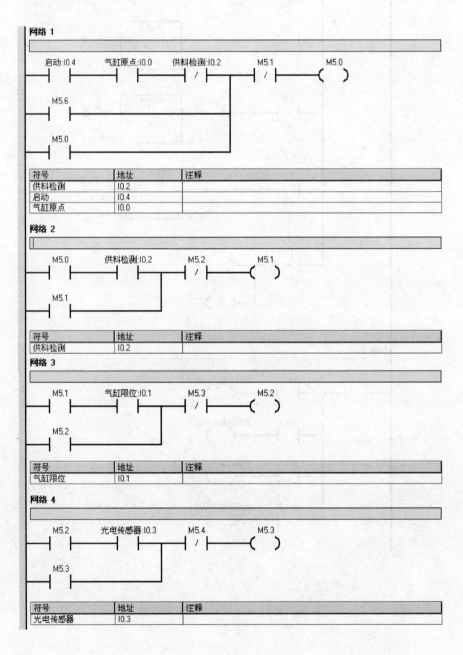

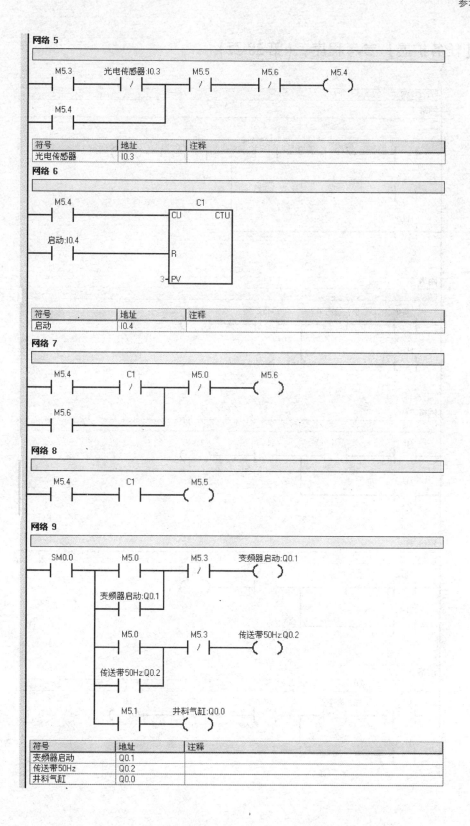

网络 5

符号	地址	注释
光电传感器	I0.3	

网络 6

符号	地址	注释
启动	I0.4	

网络 7

网络 8

网络 9

符号	地址	注释
变频器启动	Q0.1	
传送带50Hz	Q0.2	
并料气缸	Q0.0	

【任务扩展】参考程序：(第58页)

程序注释

网络 1

```
启动:I0.4   气缸原点:I0.0   供料检测:I0.2        M5.1         M5.0
 ─┤ ├────────┤ ├──────────┤ ├────────┬───┤/├─────────( )─
                                     │
 M5.6                                │
 ─┤ ├────────────────────────────────┤
                                     │
 M5.0                                │
 ─┤ ├────────────────────────────────┘
```

网络 2

```
 M5.0       供料检测:I0.2        M5.2         M5.1
 ─┤ ├──────────┤ ├────────┬───┤/├─────────( )─
                          │
 M5.1                     │
 ─┤ ├──────────────────────┘
```

网络 3

```
 M5.1       气缸限位:I0.1        M5.3         M5.2
 ─┤ ├──────────┤ ├────────┬───┤/├─────────( )─
                          │
 M5.2                     │
 ─┤ ├──────────────────────┘
```

网络 4

```
 M5.2       光电传感器:I0.3       M5.4         M5.3
 ─┤ ├──────────┤ ├────────┬───┤/├─────────( )─
                          │
 M5.3                     │
 ─┤ ├──────────────────────┘
```

网络 5

```
 M5.3       光电传感器:I0.3       M5.5         M5.6         M5.4
 ─┤ ├──────────┤/├────────┬───┤/├────────┤/├─────────( )─
                          │
 M5.4                     │
 ─┤ ├──────────────────────┘
```

网络 6

```
M5.4        C1          M5.5
─┤ ├────────┤ ├─────────( )
```

网络 7

```
M5.4        C1          M5.0        M5.6
─┤ ├────────┤/├────┬────┤/├─────────( )
                   │
M5.6               │
─┤ ├───────────────┘
```

网络 8

```
M5.4                    ┌─────────────┐
─┤ ├────────────────────┤CU        CTU│
                        │             │
启动:I0.4                │             │
─┤ ├────────────────────┤R            │
                        │             │
                    2 ──┤PV           │
                        └─────────────┘
                              C1
```

网络 9

```
SM0.0       M5.0        M5.3        变频器启动:Q0.1
─┤ ├────┬───┤ ├─────────┤/├─────────( )
        │
        │   变频器启动:Q0.1
        │   ─┤ ├──
        │
        │   M5.0        M5.3        传送带20Hz:Q0.2
        ├───┤ ├─────────┤/├─────────( )
        │
        │   传送带20Hz:Q0.2
        │   ─┤ ├──
        │
        │   M5.1        井料气缸I:Q0.0
        ├───┤ ├─────────( )
        │
        │   M5.2        M5.3        传送带30Hz:Q0.3
        ├───┤ ├─────────┤/├─────────( )
        │
        │   传送带30Hz:Q0.3
        └───┤ ├──
```

◀ ▶ ▶| **主程序** ╱ SBR_0 ╱ INT_0 ╱

项目三　任务二（第68页）

【任务实施】参考程序：

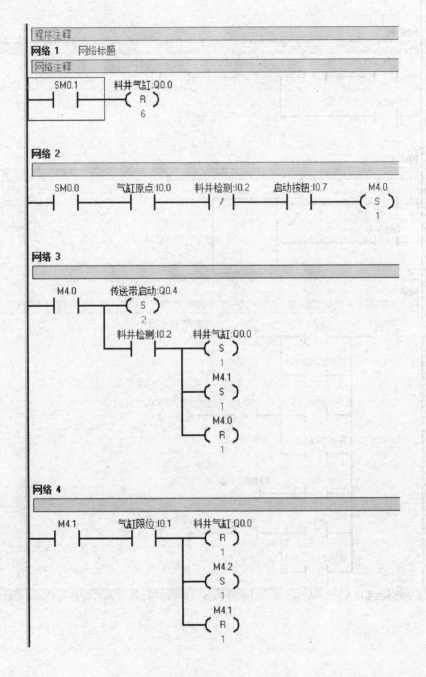

网络 5

```
M4.2      电感传感器:I0.3    电感打料:Q0.1
─┤├────────┤├──────────( S )
                          1

          电容传感器:I0.4    电容打料:Q0.2
          ─┤├──────────( S )
                          1

          颜色传感器:I0.5    颜色打料:Q0.3
          ─┤├──────────( S )
                          1

          电感打料:Q0.1                    T37
          ─┤├────────┬───────────IN    TON
                     │
          电容打料:Q0.2                5─PT   100 ms
          ─┤├────────┤
                     │
          颜色打料:Q0.3
          ─┤├────────┘

          T37          M4.3
          ─┤├──────────( S )
                          1
                       M4.2
                      ( R )
                          1

          光电传感器:I0.6    传送带启动:Q0.4
          ─┤├──────────( R )
                          2
                       M4.4
                      ( S )
                          1
                       M4.2
                      ( R )
                          1
```

网络 6

```
M4.3      电感打料:Q0.1
─┤├────────┤├──────────( R )
                          3
                       M4.0
                      ( S )
                          1
                       M4.3
                      ( R )
                          1
```

网络 7

```
M4.4      光电传感器:I0.6    M4.4
─┤├────────┤/├──────────( R )
                          1
```

◄ ┤ ► ►┤ \ 主程序 ⋏ SBR 0 ⋏ INT 0 /

237

【任务扩展】参考程序：(第68页)

程序注释

网络 1　网络标题

网络:注释

```
SM0.1          料井气缸:Q0.0
─┤ ├──────────────( R )
                     8
```

网络 2

```
SM0.0    启动按钮:I0.7   气缸原点:I0.0   料井检测:I0.2                    M5.0
─┤ ├──────┤ ├──────────┤ ├──────────┤/├────────┤ P ├────────( S )
                                                                   1
```

网络 3

```
M5.0                              传送带启动:Q0.4
─┤ ├─────┬─────┤ P ├──────────────( S )
         │                           1
         │                        传送带30:Q0.6
         │                        ─( S )
         │                           2
         │
         │   料井检测:I0.2   料井气缸:Q0.0
         └────┤ ├──────────( S )
                               1
                            M5.0
                            ─( R )
                               1
                            M5.1
                            ─( S )
                               1
```

网络 4

```
M5.1     气缸限位:I0.1   料井气缸:Q0.0
─┤ ├──────┤ ├──────────( R )
                           1
                        M5.1
                        ─( R )
                           1
                        M5.2
                        ─( S )
                           1
```

网络 5

```
M5.2     电感传感器:I0.3                    M4.0
─┤ ├──────┤ ├──────────────┤ P ├──────────( S )
         │                                    1
         │   电容传感器:I0.4                 M4.1
         ├────┤ ├──────────────┤ P ├────────( S )
         │                                    1
         │   颜色传感器:I0.5                 M4.2
         └────┤ ├──────────────┤ P ├────────( S )
                                              1
```

网络 6

M5.2　光电传感器:I0.6　传送带启动:Q0.4
（ R ）
4

M5.2
（ R ）
1

M5.3
（ S ）
1

网络 7

M5.3

T37
IN　　TON
1－PT　　100 ms

T37
==I
10

传送带启动:Q0.4
（ S ）
3

M5.3
（ R ）
1

M5.4
（ S ）
1

T37
（ R ）
1

网络 8

M5.4　M4.0　M4.1　M4.2　M5.4
　　　　／　　／　　　　（ R ）
　　　　　　　　　　　　　1

M4.0　M4.1　M4.2　M5.5
／　　　　　　／　　（ S ）
　　　　　　　　　　1

M4.0　M4.1　M4.2　M11.0
　　　　　　　　　　（ ）

M11.0　M5.4
／　　（ R ）
　　　　1

M5.7
（ S ）
1

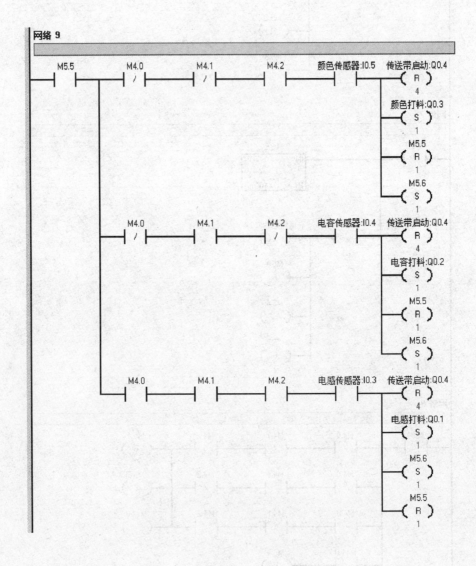

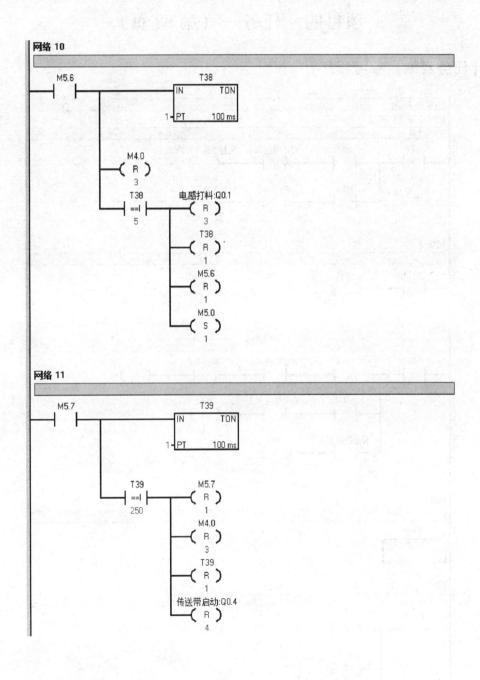

网络 10

M5.6

T38
IN   TON
1—PT   100 ms

M4.0
(R)
3

T38
==I
5

电感打料:Q0.1
(R)
3

T38
(R)
1

M5.6
(R)
1

M5.0
(S)
1

网络 11

M5.7

T39
IN   TON
1—PT   100 ms

T39
==I
250

M5.7
(R)
1

M4.0
(R)
3

T39
(R)
1

传送带启动:Q0.4
(R)
4

项目四　任务一（第83页）

【任务实施】参考程序：

程序注释

网络 1　网络标题

网络注释

```
   M4.2      M5.0    终点限位:I0.1  机械手离开~:Q0.0
───┤/├──────┤├───────┤/├──────────( )
            │
            │  M5.1     原点:I0.0   机械手靠近~:Q0.1
            └──┤├───────┤/├──────────( )
```

网络 2

```
   SM0.1     M5.1
───┤├───────( S )
              1
```

网络 3

```
   SM0.0     M4.2    启动按钮:I0.2   原点:I0.0    S4.0
───┤├──────┤/├───────┤├──────────┤├─────────( S )
           │                                    1
           │  M4.2    启动按钮:I0.2   M4.2
           ├──┤├───────┤├──────────( R )
           │                         1
           │  停止按钮:I0.3   M4.2
           └──┤├──────────( S )
                            1
```

网络 4

```
   S4.0
  ┌─────┐
  │ SCR │
  └─────┘
```

网络 5

```
   SM0.0     M5.1
───┤├───────( R )
           │   1
           │  M5.0
           ├──( S )
           │   1
           │  终点限位:I0.1   S4.1
           └──┤├──────────(SCRT)
```

网络 6

(SCRE)

网络 7

S4.1
SCR

网络 8

SM0.0　　　M5.0
　　　　　　(R)
　　　　　　　1
　　　　　　M5.1
　　　　　　(S)
　　　　　　　1
　　　　原点:I0.0　　　S4.0
　　　　　　　　　　　　(SCRT)

网络 9

(SCRE)

项目四　任务二（第 92 页）

【任务实施】参考程序：

主程序：

程序注释
网络 1　网络标题
网络注释

SM0.1　　　　　　　　HSC_INIT
　　　　　　　　　　EN

　　　　　　　M5.1
　　　　　　　(S)
　　　　　　　　1
　　　　机械手向右~:Q0.2
　　　　　　　( )

243

网络 2

```
 SM0.0        M5.0      终点限位:I0.3   机械手离开~:Q0.0
──┤├──────────┤├──────────┤/├────────────( )──────

              M5.1       原点:I0.2     机械手靠近~:Q0.1
            ──┤├──────────┤/├────────────( )──────
```

网络 3

```
 SM0.0       启动:I0.5    原点:I0.2   机械手右限位:I0.4    M4.0
──┤├──────────┤├──────────┤├──────────┤├───────────( S )──
                                                       1
```

网络 4

```
 M4.0         M5.0
──┤├─────────( S )──
               1
              M5.1
             ( R )──
               1
              HC0        M4.0
            ──┤==D├─────( R )──
              1345        1
                         M4.1
                        ( S )──
                          1
```

网络 5

```
 M4.1         M5.0
──┤├─────────( R )──
               2
                        ┌──────T37──────┐
                        │IN         TON │
                      30┤PT      100 ms │
                        └───────────────┘

              T37        M4.1
            ──┤├────────( R )──
                          1
                         M4.2
                        ( S )──
                          1
```

网络 6

```
   M4.2        M5.0
───┤ ├───────( S )
              1
           HC0         M4.2
          ──==D──┬────( R )
           2487  │     1
                 │    M4.3
                 └────( S )
                      1
```

网络 7

```
   M4.3        M5.0
───┤ ├───────( R )
              2
                    T38
              ┌──IN      TON
              │
              │  50─PT      100 ms
              │
              │
   T38        │     M4.3
   ┤ ├────────┴────( R )
                    1
                   M4.4
                  ( S )
                   1
```

网络 8

```
   M4.4        M5.1
───┤ ├───────( S )
              1
           原点:I0.2     M4.4
          ──┤ ├──────( R )
                      1
```

高速计数器配置完成后自动生成的子程序：

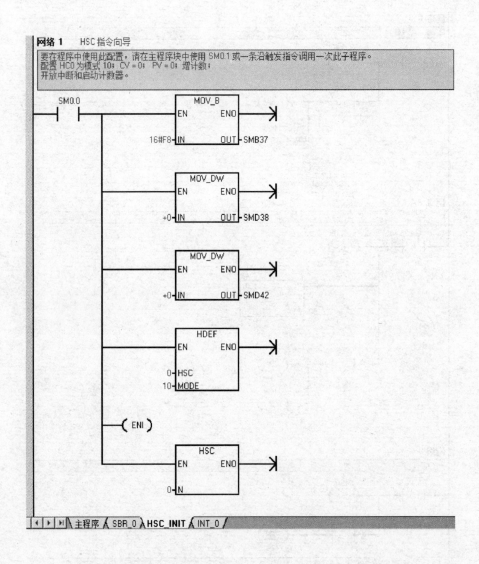

项目四　任务三（第98页）

【任务实施】参考程序：

主程序：

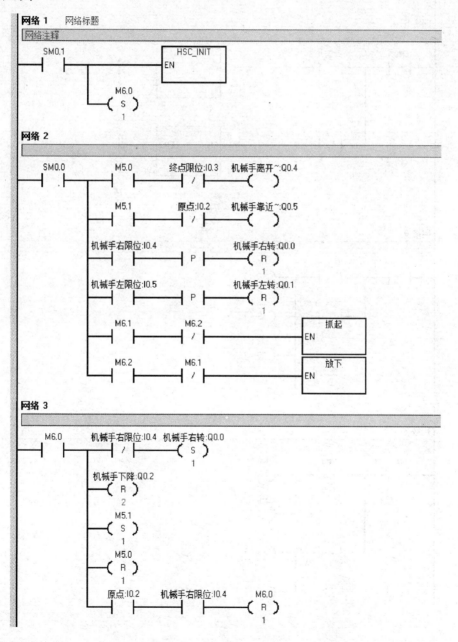

网络 4

```
  SM0.0      M6.0      启动按钮:I1.0      M4.0
 ──┤├──────┤/├────────┤├──────────( S )
                                      1

          停止按钮:I1.1    M6.3
          ──┤├────────┤├──────( S )
                                1
```

网络 5

```
  SM0.0    一号库:I0.6              MOV_DW
 ──┤├────────┤├────────────────┌──────────┐
                               │EN      ENO├──────>>
                               │          │
                          1336─┤IN     OUT├─VD0
                               └──────────┘

          二号库:I0.7              MOV_DW
          ──┤├────────────────┌──────────┐
                              │EN      ENO├──────>>
                              │          │
                         1900─┤IN     OUT├─VD0
                              └──────────┘
```

网络 6

```
  M4.0    一号库:I0.6    M5.1
 ──┤├────────┤├──────( R )
                         1
          二号库:I0.7    M5.0
          ──┤├──────( S )
                       1
                      M4.1
                    ─( S )
                       1
                      M4.0
                    ─( R )
                       1
```

网络 7

```
  M4.1      HC0        M5.0
 ──┤├──────==D──────( R )
            VD0        2
                      M6.1
                    ─( S )
                       1
            T37        M4.2
          ──==I──────( S )
            30         1
                      M4.1
                    ─( R )
                       1
```

网络 8

```
M4.2                      机械手左转:Q0.1
─┤ ├──────┤P├──────────( S )
                          1

          机械手左限位:I0.5   VD0        M5.1
          ─┤ ├──────────┤>D├────────( S )
                         1598          1

                          VD0        M5.0
                         ─┤<D├────────( S )
                          1598          1

          M5.1            M4.3
          ─┤ ├──────────( S )
                          1

          M5.0            M4.2
          ─┤ ├──────────( R )
                          1
```

网络 9

```
M4.3      HC0           M5.0
─┤ ├──────┤==D├────────( R )
          1598          2

                        M6.2
                       ( S )
                        1

          T38           M4.4
          ─┤==I├────────( S )
          30             1

                        M4.3
                       ( R )
                        1

                        M5.1
                       ( S )
                        1

                   机械手右转:Q0.0
                       ( S )
                        1
```

网络 10

```
M4.4      原点:I0.2    M6.3         M4.0
─┤ ├──────┤ ├────────┤/├────────( S )
                                  1

                                  M4.4
                                 ( R )
                                  1

                     M6.3         M4.4
                     ─┤ ├────────( R )
                                  1

                                  M6.3
                                 ( R )
                                  1
```

子程序1"抓起"

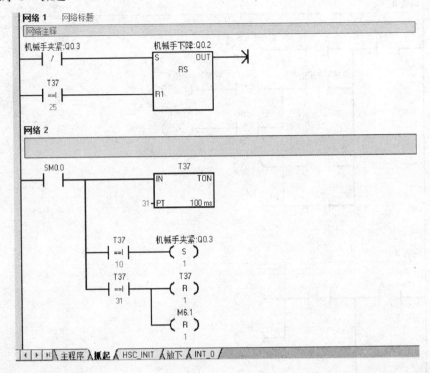

子程序2"放下"

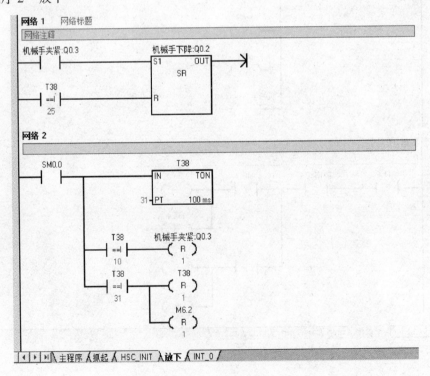

高速计数器配置完成后自动生成的子程序 3：

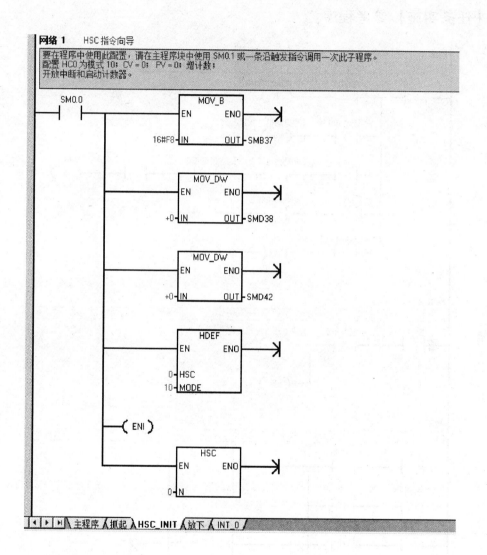

项目五　任务一（第112页）

【任务实施】参考程序：

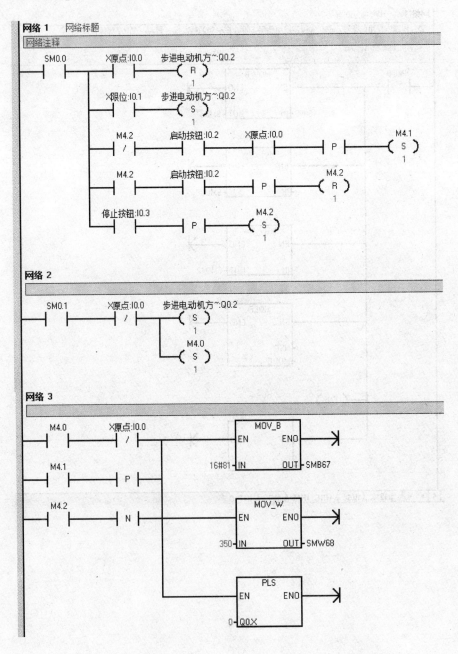

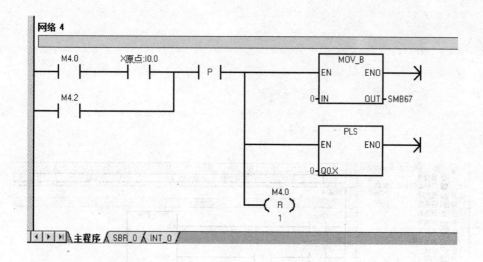

项目五　任务二（第 121 页）

说明：子程序配置请参照相关知识中的内容进行操作，操作完成后会出现红框中的子程序，使用时直接拖拽到相应位置处即可。（配置子程序不再截屏）

【任务实施】参考程序：

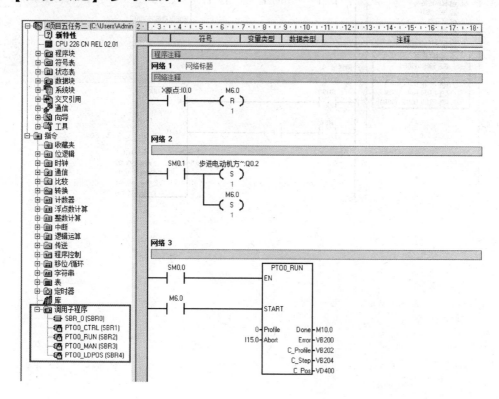

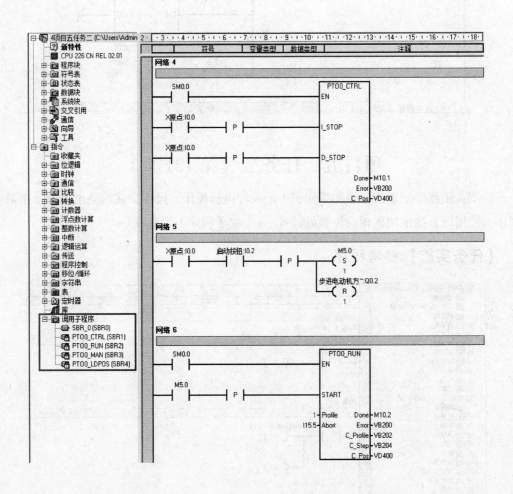

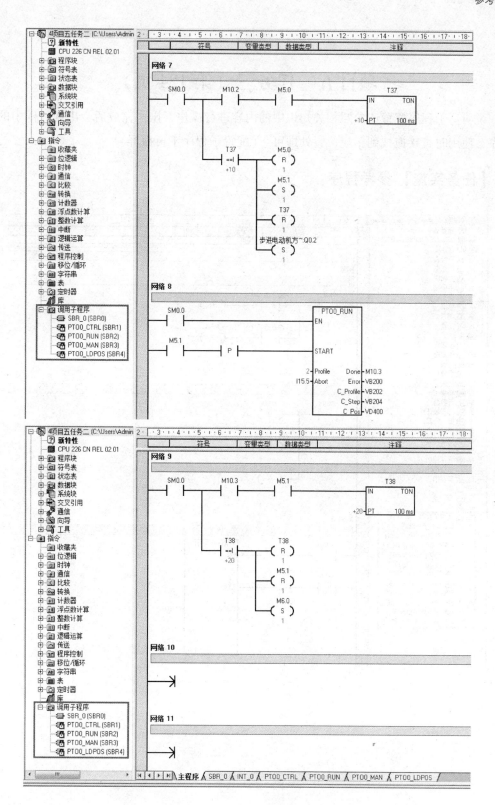

项目五　任务三（第124页）

说明：子程序配置请参照相关知识中的内容进行操作，操作完成后会出现红框中的子程序，使用时直接拖拽到相应位置处即可。（配置子程序不再截屏）

【任务实施】参考程序：

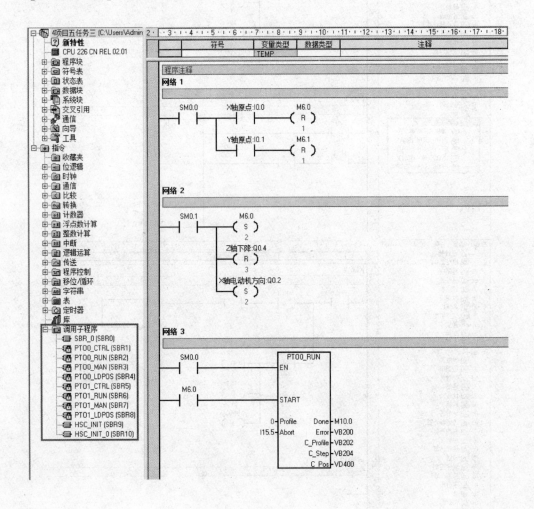

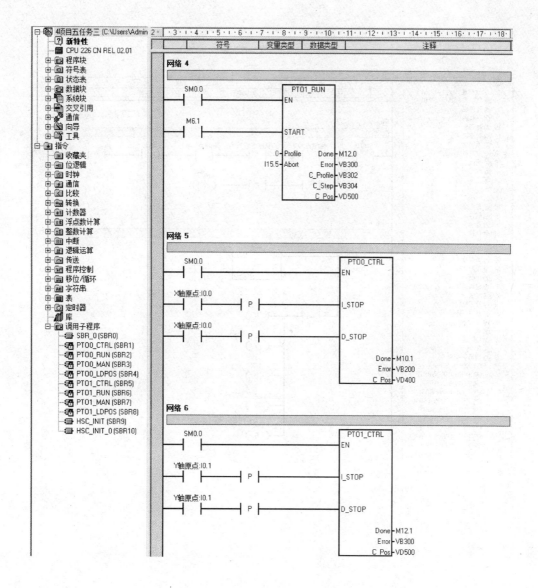

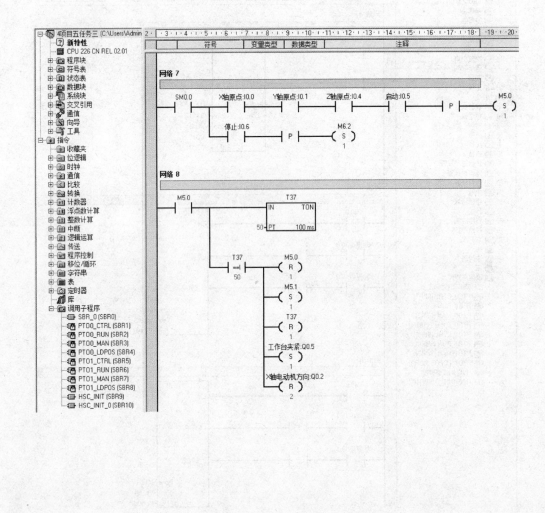

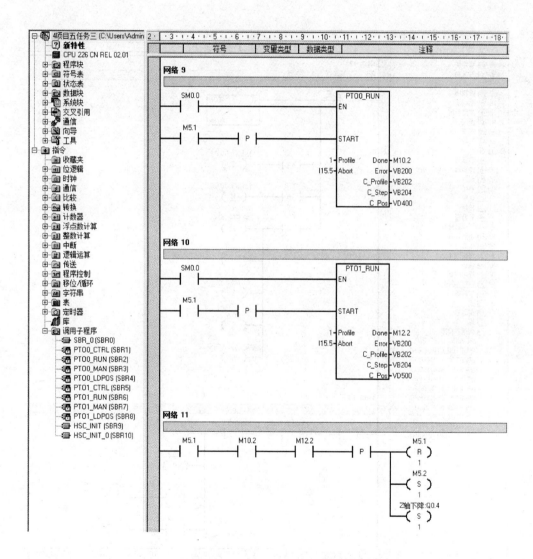

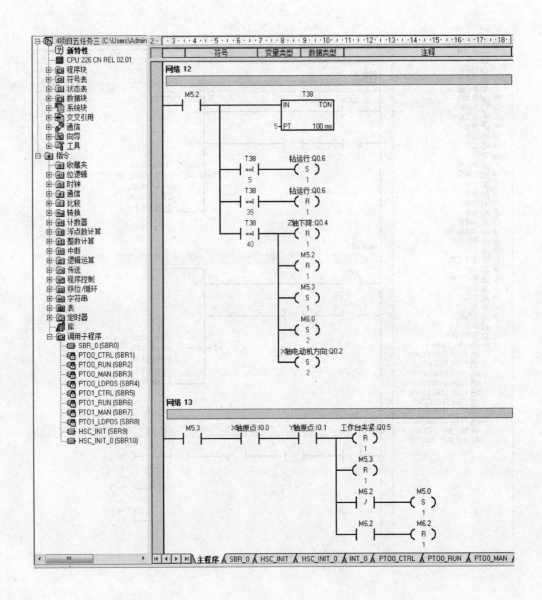

项目六 任务二（第 139 页）

说明：子程序配置请参照相关知识中的内容进行操作，操作完成后会出现红框中的子程序，使用时直接拖拽到相应位置处即可。（配置子程序不再截屏）

【任务实施】参考程序：

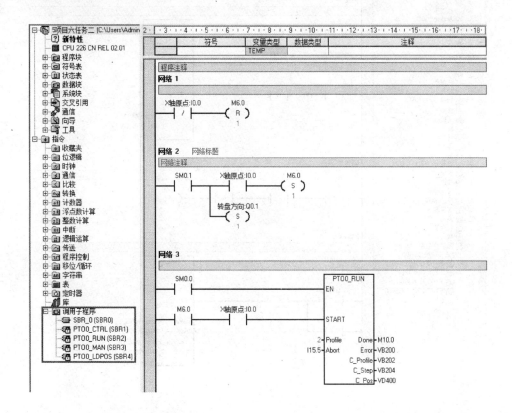

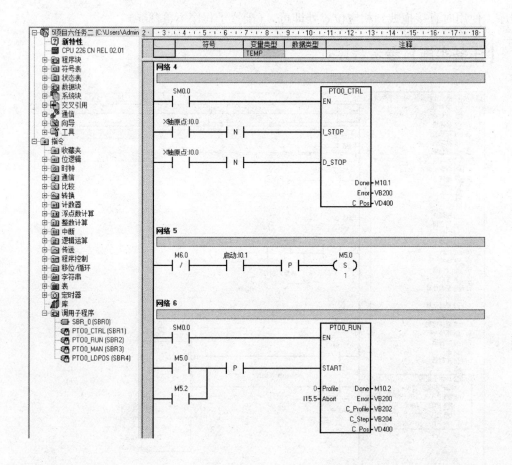

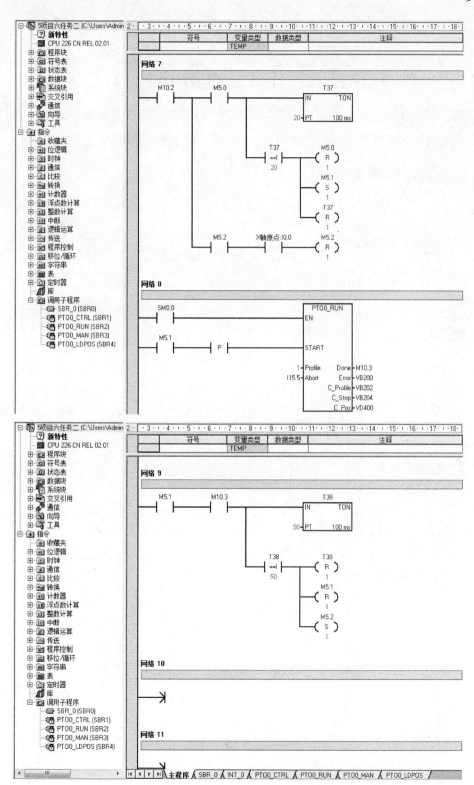

项目六　任务三（第143页）

说明：子程序配置请参照相关知识中的内容进行操作，操作完成后会出现红框中的子程序，使用时直接拖拽到相应位置处即可。（配置子程序不再截屏）

【任务实施】参考程序：

主程序：

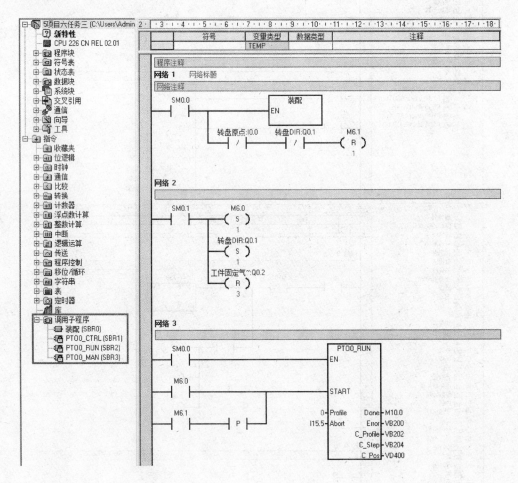

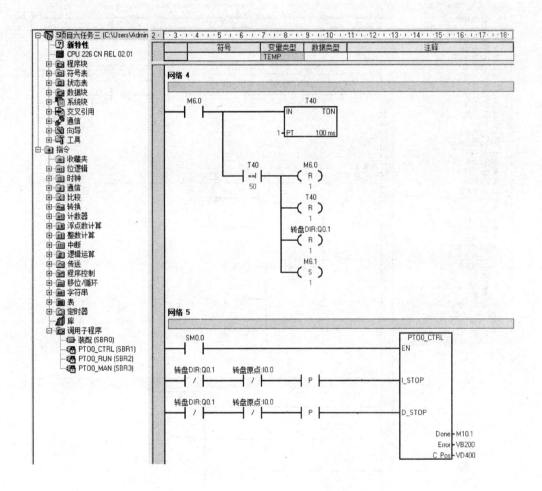

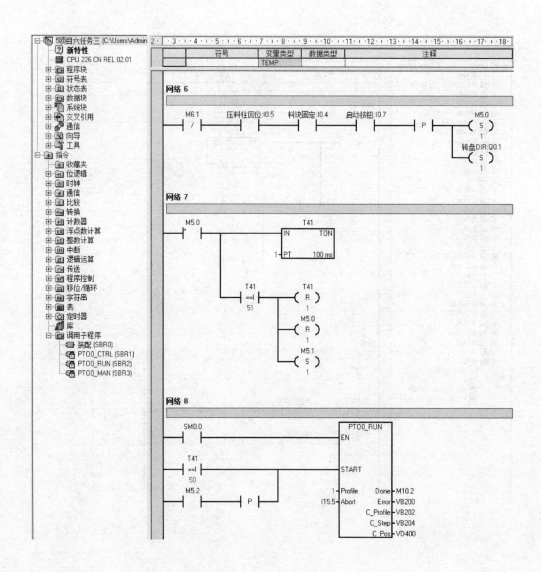

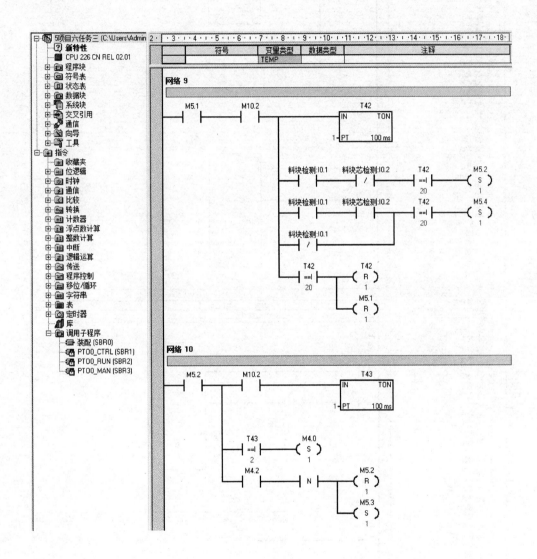

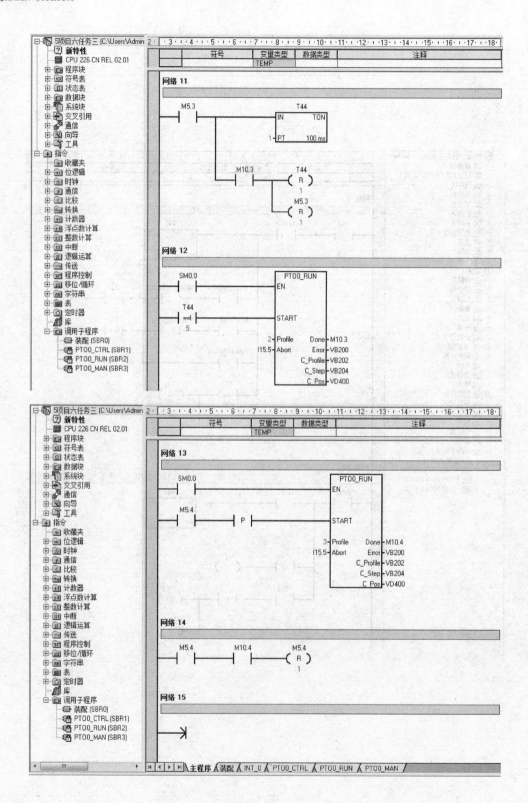

子程序"装配":

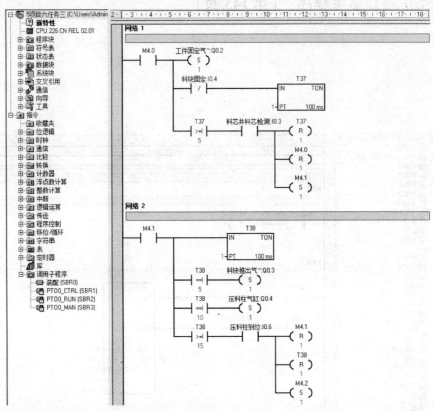

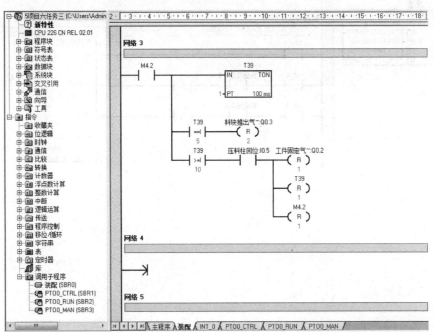

【任务扩展】参考程序：（第 143 页）

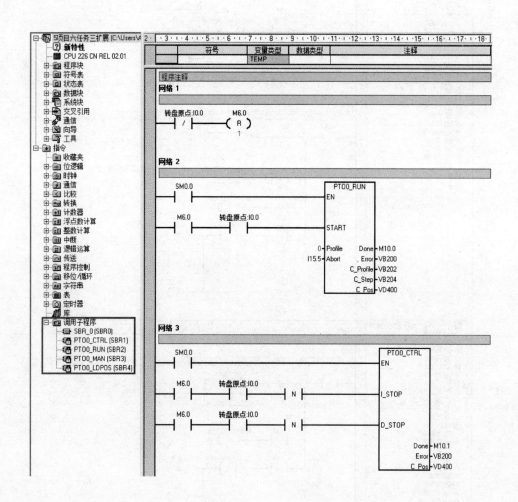

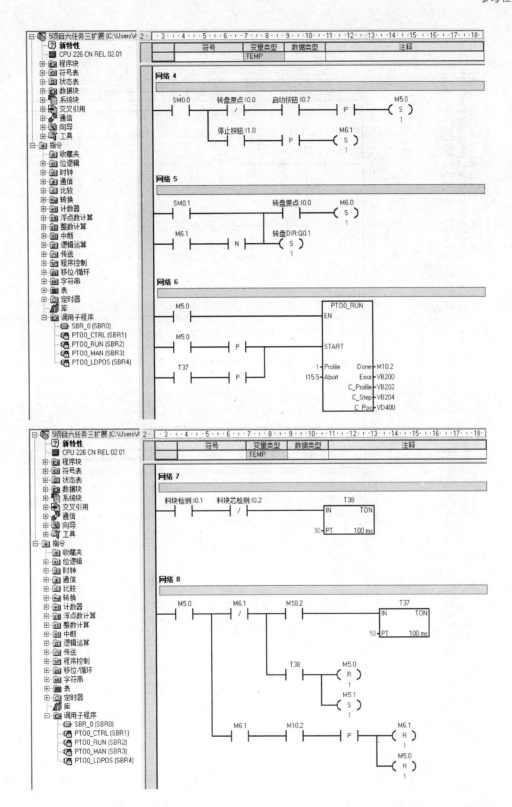

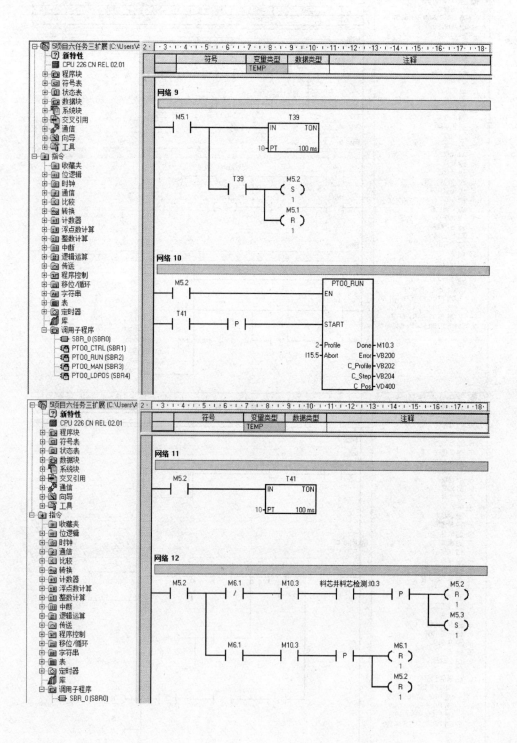

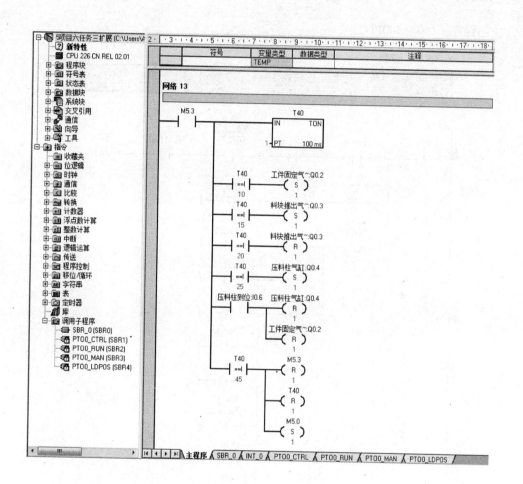

项目九 任务一 (第213页)

【任务实施】参考程序：

主站程序：（S7 – 300PLC）

程序段 1：标题：

注释：

```
                                              I0.0
                                            "气缸退回        I0.3
  M11.0     I10.0      I12.0                   限位"       "启动按钮"      M4.0
  ─┤/├──────┤ ├────────┤ ├──────────────────┤ ├─────────┤ ├──────( S )──
              I0.4                                      M5.0
            "停止按钮"                                   ─( S )──
           ──┤ ├───────────────────────────────────────
              I0.5                                      Q10.5
             "急停"                                     ─( )──
           ──┤ ├───────────────────────────────────────
                                                        Q12.3
                                                        ─( )──
                                      M0.1              M4.0
                                     ─( N )──           ─( R )──
                                                        M4.1
                                                        ─( R )──
                                                        M4.2
                                                        ─( R )──
                                                        Q0.0
                                                       "气缸推出"
                                                        ─( R )──
                                                        M10.0
                                                        ─( R )──
                                                        Q10.1
                                                        ─( R )──
                                                        Q10.0
                                                        ─( R )──
                                                        M5.0
                                                        ─( R )──
```

程序段 2：标题：

注释：

```
   I0.5
  "急停"        T1        M5.0       Q0.1
                                    "运行灯"
   ─┤/├──┬──────┤├────────┤/├────────( )───┤
         │ M10.0
         ├──────┤├──┤
         │                           Q0.2
         │  M5.0                    "停止灯"
         └──────┤├────────────────────( )───┤
```

程序段 3：标题：

注释：

```
   I0.5
  "急停"       M4.0        T2          T1
   ─┤/├─────────┤├──┬──────┤/├────────(SD)───┤
                    │               S5T#500MS
                    │
                    │     T1          T2
                    ├──────┤├────────(SD)───┤
                    │               S5T#500MS
                    │
                    │    I0.2
                    │  "料柱井料
                    │   柱检测"    I10.1       M4.0
                    ├──────┤├────────┤├──┬────(R)───┤
                    │                   │    M4.1
                    │                   └────(S)───┤
                    │                    Q10.0
                    └────────────────────(S)───┤
```

程序段 4：标题：

注释：

```
  I0.5
 "急停"      M4.1                              T3
 ──┤／├──────┤├──────┬──────────────────────(SD)──┤
                     │                    S5T#500MS
                     │                       Q0.0
                     │      T3            "气缸推出"
                     ├─────┤├──────────────(S)───┤
                     │     I0.1
                     │   "气缸推出
                     │    限位"            M4.1
                     ├─────┤├──────────────(R)───┤
                     │                       M4.2
                     │                      (S)───┤
                     │                      Q10.1
                     │                      (S)───┤
                     │                      Q10.0
                     │                      (R)───┤
                     │                      M10.0
                     └──────────────────────(S)───┤
```

程序段 5：标题：

注释：

```
  I0.5                         Q0.0
 "急停"      M4.2            "气缸推出"
 ──┤／├──────┤├──────┬────────(R)───┤
                     │   I10.2     M4.2
                     ├────┤├───────(R)───┤
                     │             Q10.1
                     │            (R)───┤
                     │             M10.0
                     │            (R)───┤
                     │    M5.0     M4.0
                     │   ─┤／├─────(S)───┤
                     │    M5.0     M5.0
                     │   ─┤├───────(R)───┤
                     │  I12.3   M0.0    M4.2
                     └───┤├─────(N)──┬───(R)───┤
                                     │  M10.0
                                     │  (R)───┤
                                     │  M5.0     M4.0
                                     │ ─┤／├─────(S)───┤
                                     │  M5.0     M5.0
                                     │ ─┤├───────(R)───┤
                                     │  Q10.1
                                     └──(R)───┤
```

程序段 6：标题：

注释：

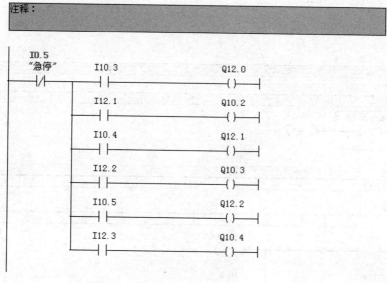

从站 1 程序：（第一台 S7 – 200PLC）

从站 1 主程序：

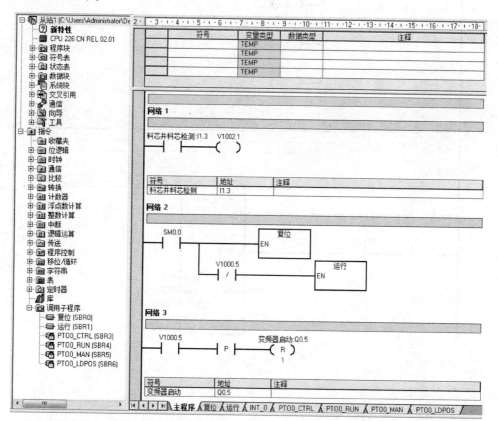

从站1"复位"子程序：

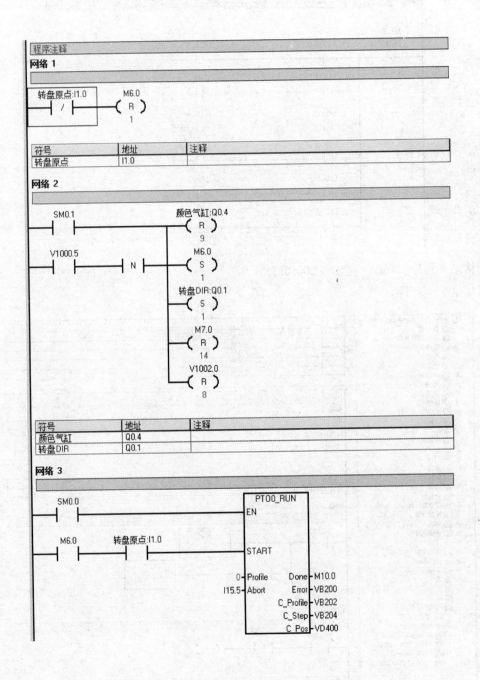

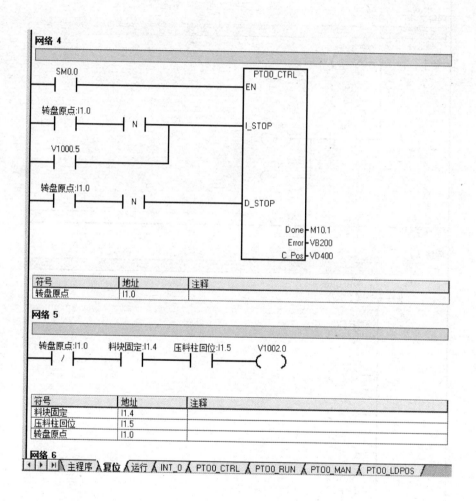

网络 4

符号	地址	注释
转盘原点	I1.0	

网络 5

符号	地址	注释
料块固定	I1.4	
压料柱回位	I1.5	
转盘原点	I1.0	

网络 6

主程序 | 复位 | 运行 | INT_0 | PTO0_CTRL | PTO0_RUN | PTO0_MAN | PTO0_LDPOS

从站1"运行"子程序：

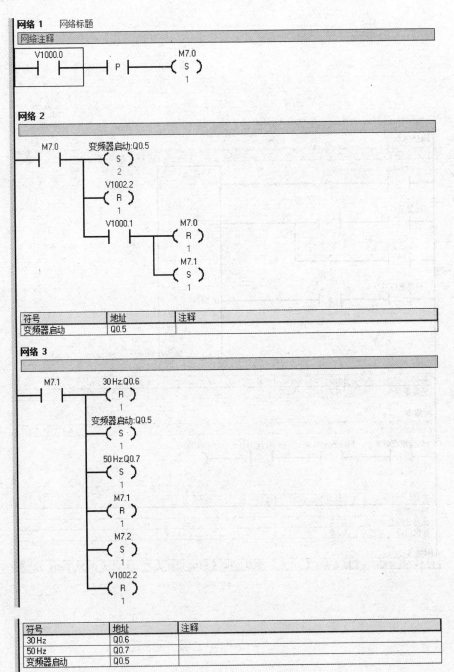

符号	地址	注释
变频器启动	Q0.5	

符号	地址	注释
30 Hz	Q0.6	
50 Hz	Q0.7	
变频器启动	Q0.5	

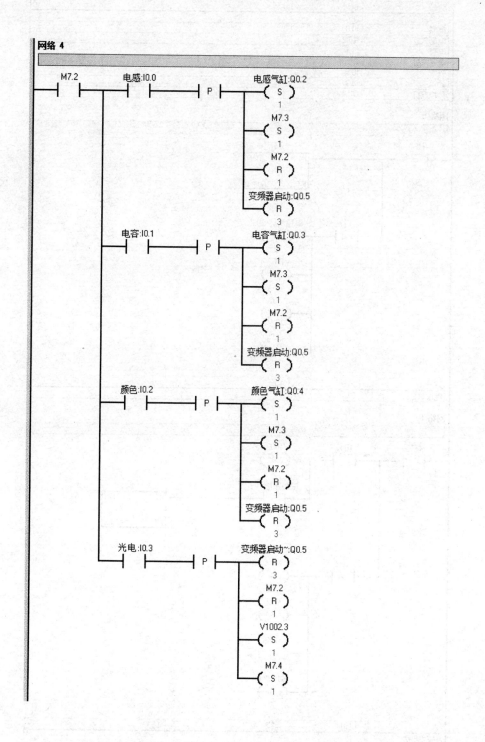

网络 4

符号	地址	注释
变频器启动	Q0.5	
电感	I0.0	
电感气缸	Q0.2	
电容	I0.1	
电容气缸	Q0.3	
光电	I0.3	
颜色	I0.2	
颜色气缸	Q0.4	

网络 5

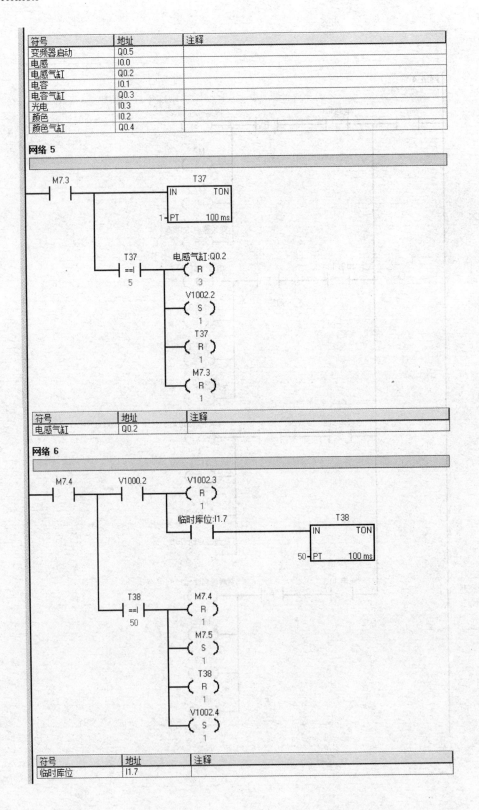

符号	地址	注释
电感气缸	Q0.2	

网络 6

符号	地址	注释
临时库位	I1.7	

网络 7

```
  M7.5    V1000.3        M7.5
 --| |------| |---+------( R )
                  |        1
                  |      M7.6
                  +------( S )
                  |        1
                  |     V1002.4
                  +------( R )
                           1
```

网络 8

```
  SM0.0                         PTO0_RUN
 --| |------| |----------------| EN        |
                                |          |
  M7.6                          |          |
 --| |---+----| P |------------| START     |
         |                      |          |
  M8.0   |                   1 -| Profile  Done |- M10.2
 --| |---+                 I15.5-| Abort   Error |- VB200
                                |      C_Profile |- VB202
                                |      C_Step    |- VB204
                                |      C_Pos     |- VD400
```

网络 9

```
  M7.6    M10.2                M7.6
 --| |------| |------| P |---+--( R )
                            |    1
                            |  M7.7
                            +--( S )
                                 1
```

网络 10

```
  M7.7                      T39
 --| |---+----------------| IN    TON |
         |              1 -| PT  100 ms|
         |
         |   T39      料块检测:I1.1   料块芯检测:I1.2    M7.7
         +--| ==I |------| |------+------| |------+--( R )
             20                   |              |    1
                                  |              |  T39
                                  |              +--( R )
                                  |              |    1
                                  |              |  M8.4
                                  |              +--( S )
                                  |                   1
                                  |  料块芯检测:I1.2   M7.7
                                  +------| / |------+--( R )
                                                    |    1
                                                    |  T39
                                                    +--( R )
                                                    |    1
                                                    |  M8.0
                                                    +--( S )
                                                         1
```

符号	地址	注释
料块检测	I1.1	
料块芯检测	I1.2	

网络 11

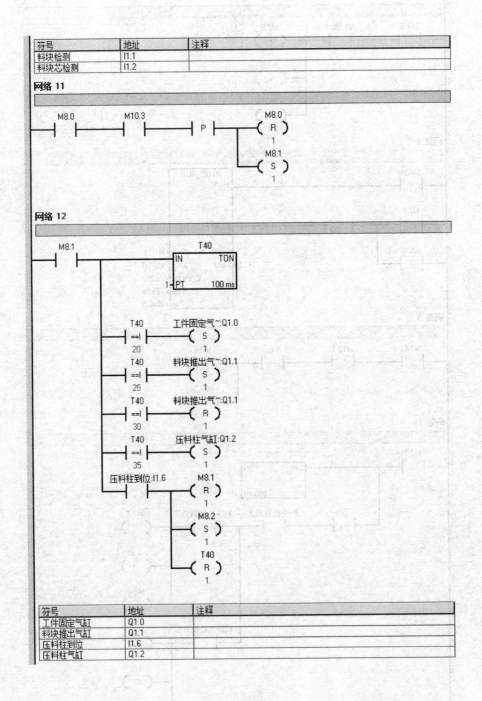

网络 12

符号	地址	注释
工件固定气缸	Q1.0	
料块推出气缸	Q1.1	
压料柱到位	I1.6	
压料柱气缸	Q1.2	

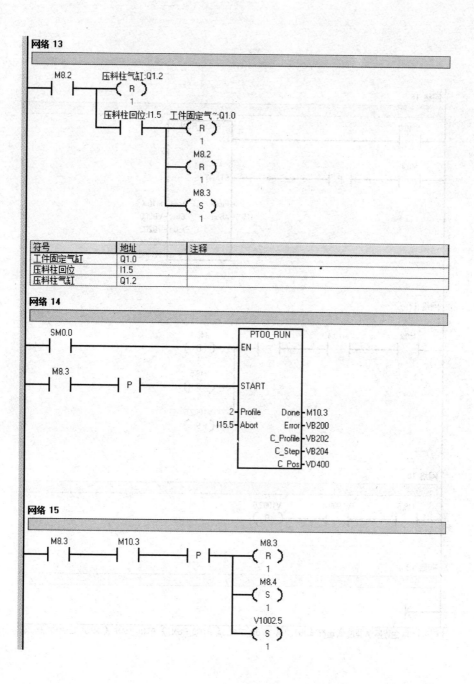

网络 13

符号	地址	注释
工件固定气缸	Q1.0	
压料柱回位	I1.5	
压料柱气缸	Q1.2	

网络 14

网络 15

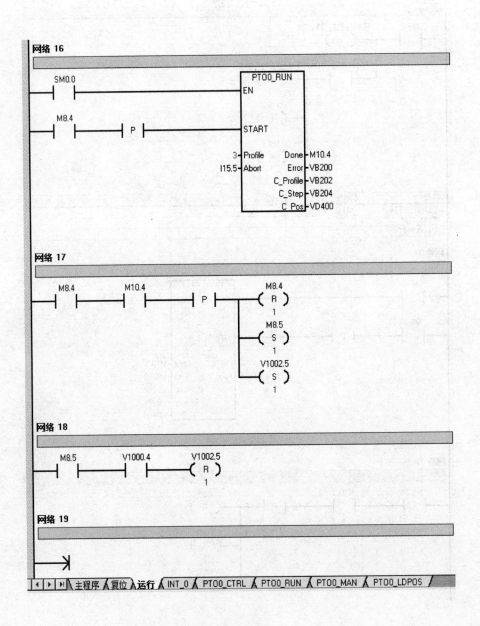

从站 2 程序：（第二台 S7 – 200PLC）

从站 2 主程序：

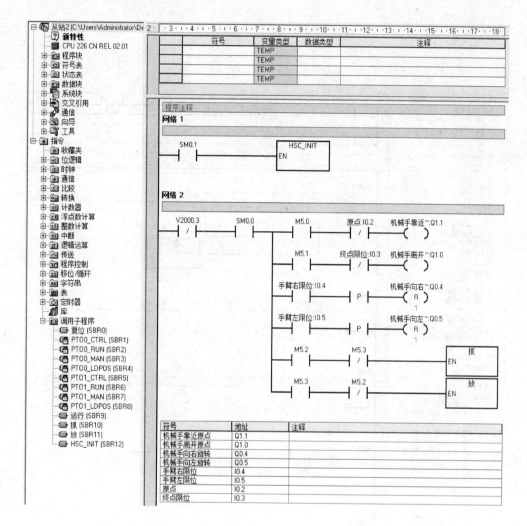

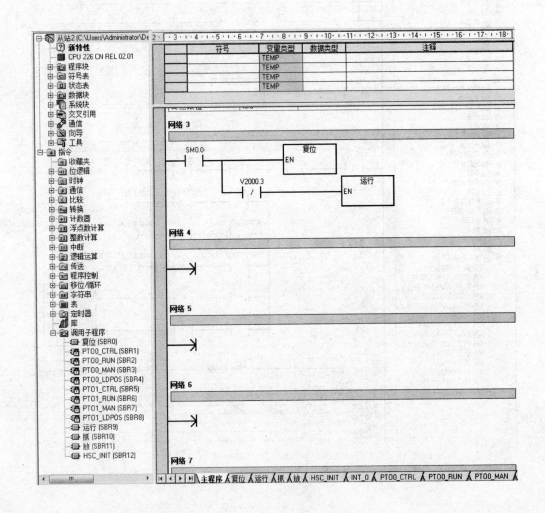

从站2"复位"子程序:

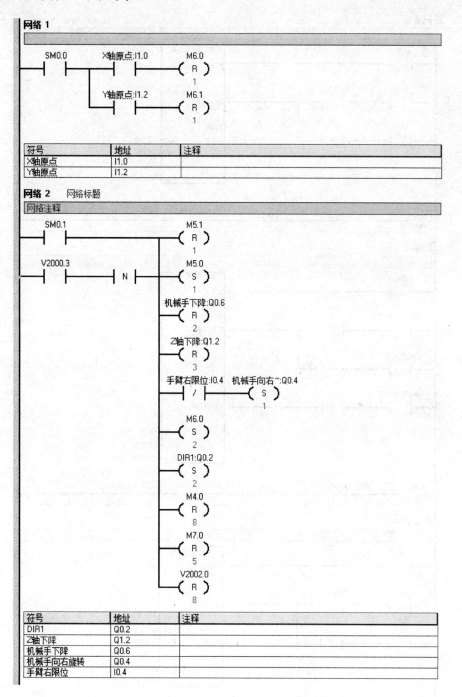

网络 1

| SM0.0 | X轴原点:I1.0 | M6.0 (R) 1 |
| | Y轴原点:I1.2 | M6.1 (R) 1 |

符号	地址	注释
X轴原点	I1.0	
Y轴原点	I1.2	

网络 2　网络标题

网络注释

SM0.1 —— M5.1 (R) 1

V2000.3 ——| N |—— M5.0 (S) 1

机械手下降:Q0.6 (R) 2

Z轴下降:Q1.2 (R) 3

手臂右限位:I0.4 机械手向右~:Q0.4 (S) 1

M6.0 (S) 2

DIR1:Q0.2 (S) 2

M4.0 (S) 8

M7.0 (R) 5

V2002.0 (R) 8

符号	地址	注释
DIR1	Q0.2	
Z轴下降	Q1.2	
机械手下降	Q0.6	
机械手向右旋转	Q0.4	
手臂右限位	I0.4	

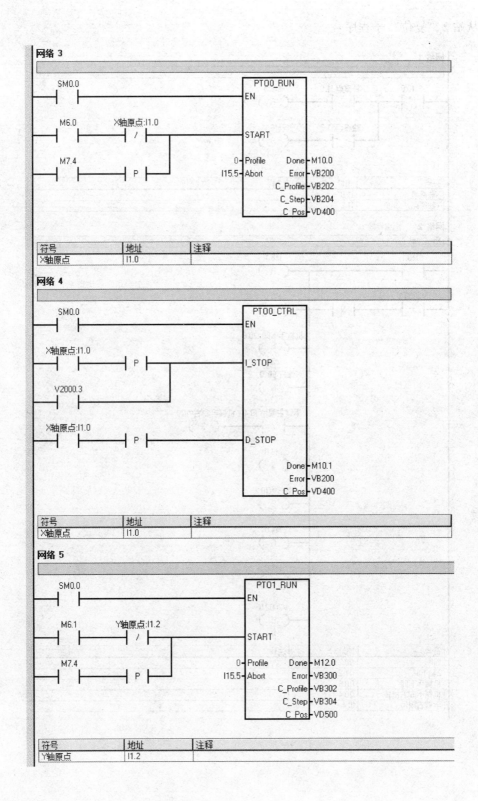

网络 3

SM0.0					PTO0_RUN		
┤├					EN		

M6.0	X轴原点:I1.0						
┤├	┤/├			START			

M7.4	P						
┤├	┤P├		0 — Profile	Done — M10.0			

0 — Profile　　Done — M10.0
I15.5 — Abort　　Error — VB200
　　　　　　C_Profile — VB202
　　　　　　C_Step — VB204
　　　　　　C_Pos — VD400

符号	地址	注释
X轴原点	I1.0	

网络 4

SM0.0 ┤├ —— EN (PTO0_CTRL)

X轴原点:I1.0 ┤├ ┤P├ —— I_STOP

V2000.3 ┤├

X轴原点:I1.0 ┤├ ┤P├ —— D_STOP

Done — M10.1
Error — VB200
C_Pos — VD400

符号	地址	注释
X轴原点	I1.0	

网络 5

SM0.0 ┤├ —— EN (PTO1_RUN)

M6.1 ┤├　Y轴原点:I1.2 ┤/├ —— START

M7.4 ┤├ ┤P├

0 — Profile　　Done — M12.0
I15.5 — Abort　　Error — VB300
　　　　　　C_Profile — VB302
　　　　　　C_Step — VB304
　　　　　　C_Pos — VD500

符号	地址	注释
Y轴原点	I1.2	

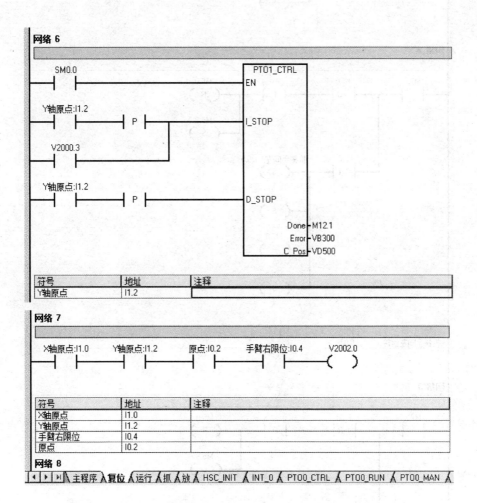

网络 6

SM0.0			PTO1_CTRL
			EN
Y轴原点:I1.2 —| |— P —		I_STOP
V2000.3 —| |—		
Y轴原点:I1.2 —| |— P —		D_STOP
			Done – M12.1
			Error – VB300
			C_Pos – VD500

符号	地址	注释
Y轴原点	I1.2	

网络 7

X轴原点:I1.0 —| |— Y轴原点:I1.2 —| |— 原点:I0.2 —| |— 手臂右限位:I0.4 —| |— V2002.0 —( )

符号	地址	注释
X轴原点	I1.0	
Y轴原点	I1.2	
手臂右限位	I0.4	
原点	I0.2	

网络 8

◄ ► ►| ► 主程序 \ 复位 \ 运行 \ 抓 \ 放 \ HSC_INIT \ INT_0 \ PTO0_CTRL \ PTO0_RUN \ PTO0_MAN \

从站 2 "运行" 子程序:

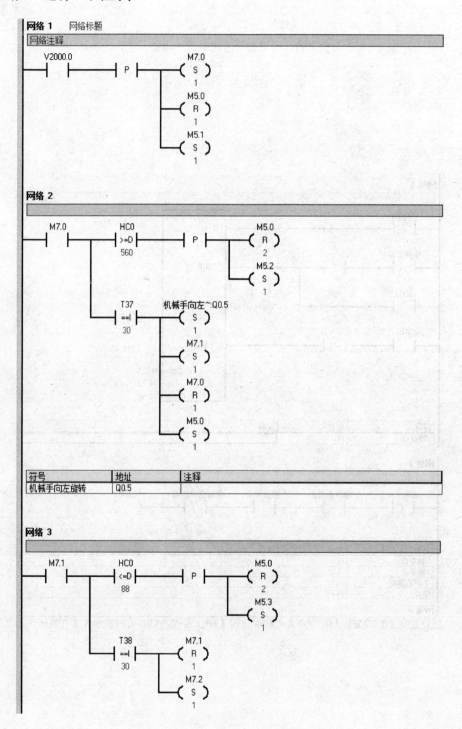

符号	地址	注释
机械手向左旋转	Q0.5	

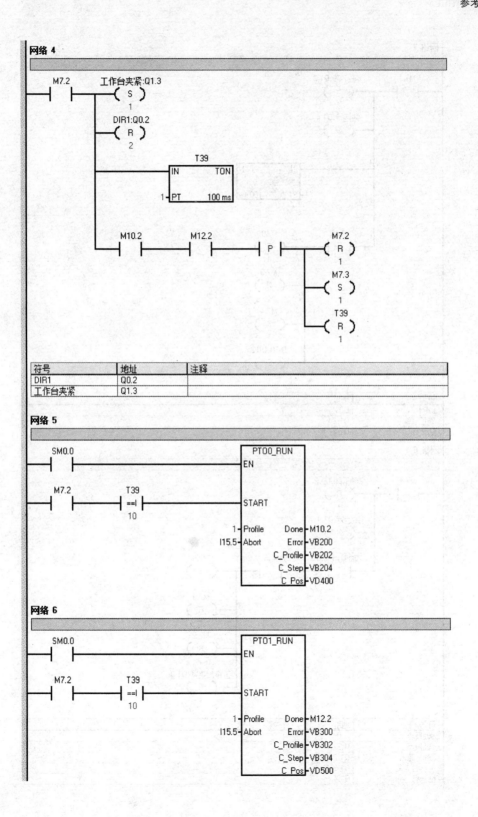

网络 4

符号	地址	注释
DIR1	Q0.2	
工作台夹紧	Q1.3	

网络 5

网络 6

网络 7

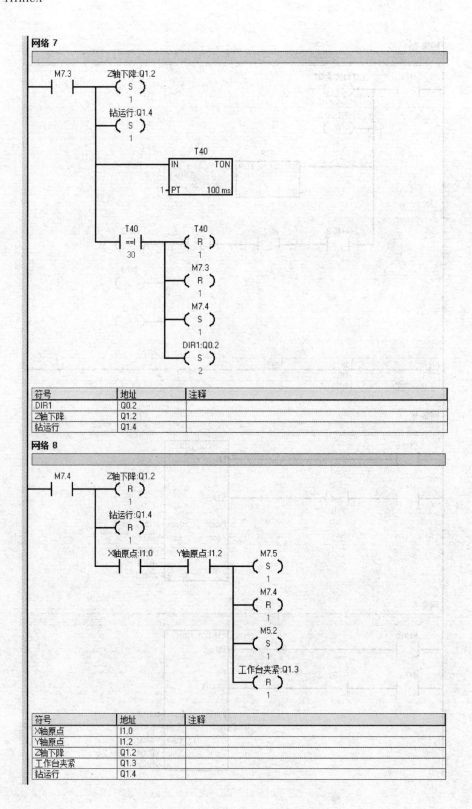

符号	地址	注释
DIR1	Q0.2	
Z轴下降	Q1.2	
钻运行	Q1.4	

网络 8

符号	地址	注释
X轴原点	I1.0	
Y轴原点	I1.2	
Z轴下降	Q1.2	
工作台夹紧	Q1.3	
钻运行	Q1.4	

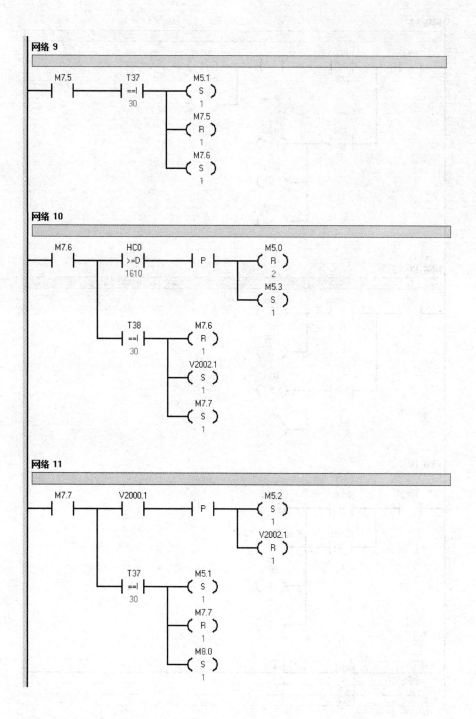

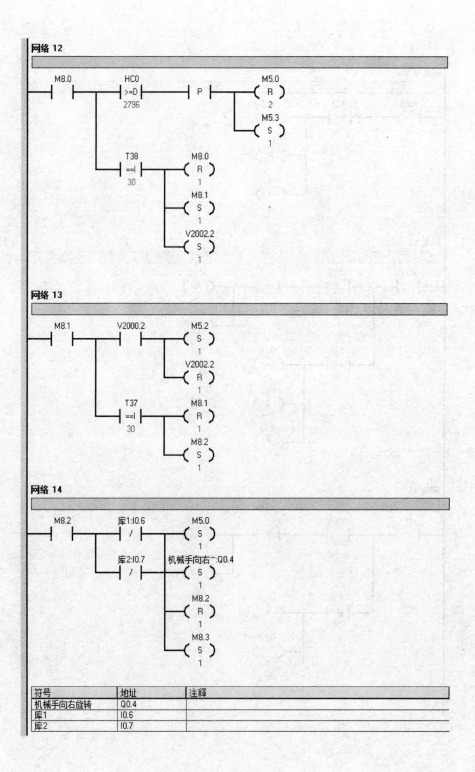

符号	地址	注释
机械手向右旋转	Q0.4	
库1	I0.6	
库2	I0.7	

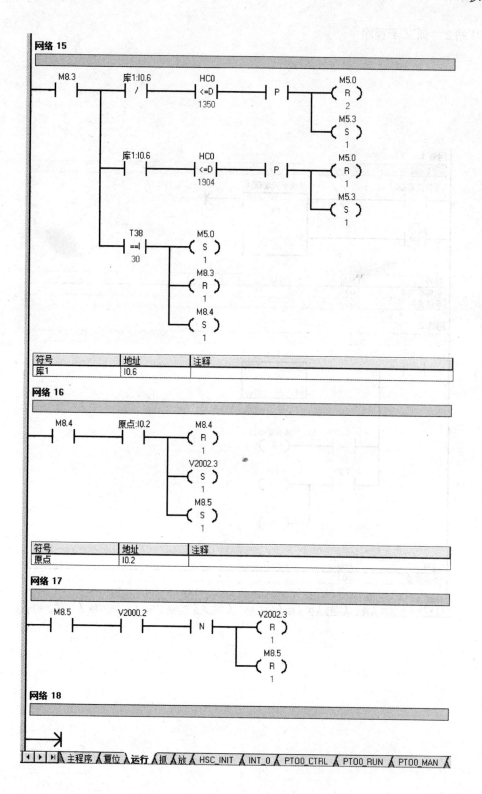

网络 15

符号	地址	注释
库1	I0.6	

网络 16

符号	地址	注释
原点	I0.2	

网络 17

网络 18

◀ ▶ ▶▌ 主程序 复位 运行 抓 放 HSC_INIT INT_0 PT00_CTRL PT00_RUN PT00_MAN

从站 2 "抓" 子程序：

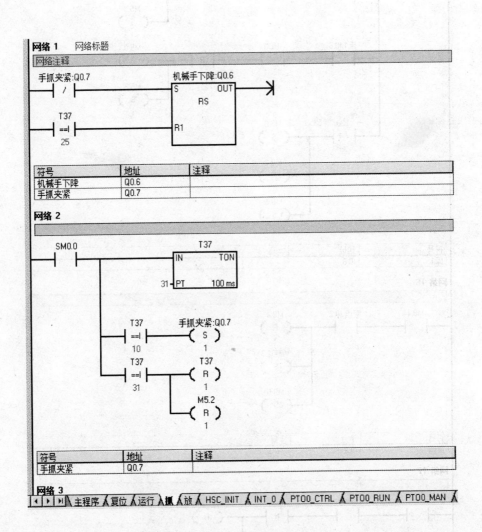

从站 2 "放" 子程序：

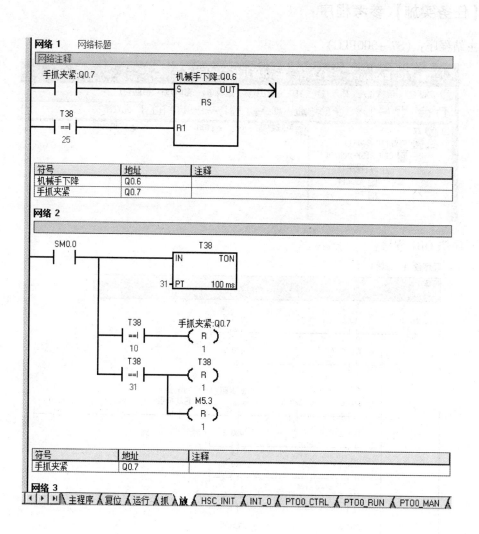

项目九　任务二（第218页）

【任务实施】参考程序：

主站程序：（S7 - 300PLC）

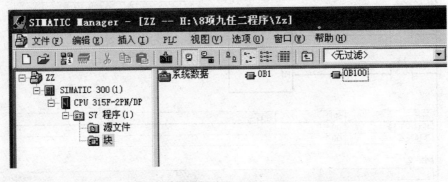

程序块 OB1 程序：

程序段 1：标题：

注释：

程序段 2：标题：

注释：

```
      M0.0                                      Q10.1
      ─┤├─┬─────────────────────────────────────( S )
           │
           │    I0.2
           │  "料柱井料
           │   柱检测"                             T0
           ├────┤├────────────────────────────────( SD )
           │                                      S5T#500MS
           │
           │    T0      M10.0     M0.0
           └────┤├─────( P )──┬───( R )
                              │
                              │    M0.1
                              ├───( S )
                              │
                              │    Q0.0
                              │  "气缸推出"
                              └───( S )
```

程序段 3：标题：

注释：

```
      M0.1                                      Q10.1
      ─┤├─┬─────────────────────────────────────( R )
           │
           │    I0.1
           │  "气缸推出
           │   限位"                              Q10.2
           └────┤├────────────────────┬──────────( S )
                                       │
                                       │   M0.1
                                       ├───( R )
                                       │
                                       │   M0.2
                                       ├───( S )
                                       │
                                       │   Q0.0
                                       │  "气缸推出"
                                       └───( R )
```

程序段 4：标题：

注释：

```
      M0.2      I10.1                            M0.2
      ─┤├─┬─────┤├──────────────────────┬────────( R )
           │                            │
           │                            │   M0.0
           │                            ├───( S )
           │                            │
           │                            │   Q10.2
           │                            ├───( R )
           │                            │
           │                            │   Q10.3
           └────────────────────────────┴───( )
```

301

程序块 OB100 程序:

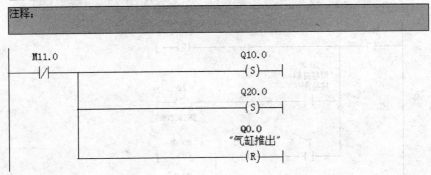

从站 1 程序:(第一台 S7 – 200PLC)

从站 1 主程序:

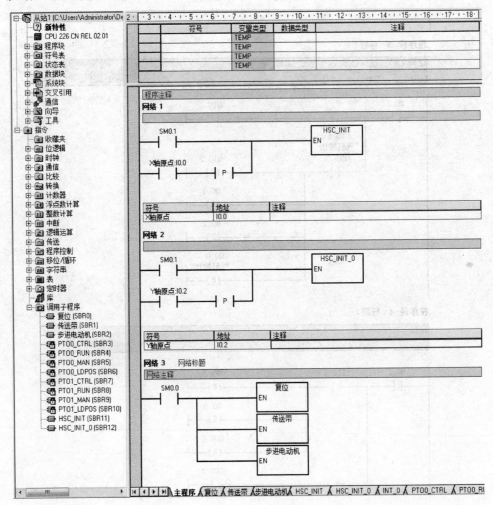

从站 1 "复位" 子程序：

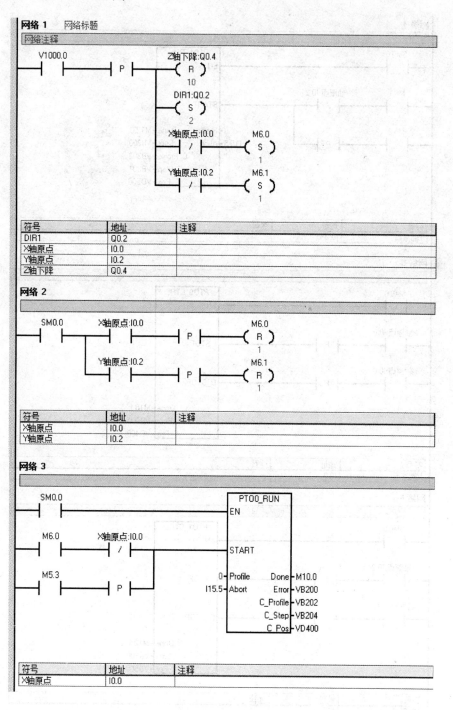

符号	地址	注释
DIR1	Q0.2	
X轴原点	I0.0	
Y轴原点	I0.2	
Z轴下降	Q0.4	

符号	地址	注释
X轴原点	I0.0	
Y轴原点	I0.2	

符号	地址	注释
X轴原点	I0.0	

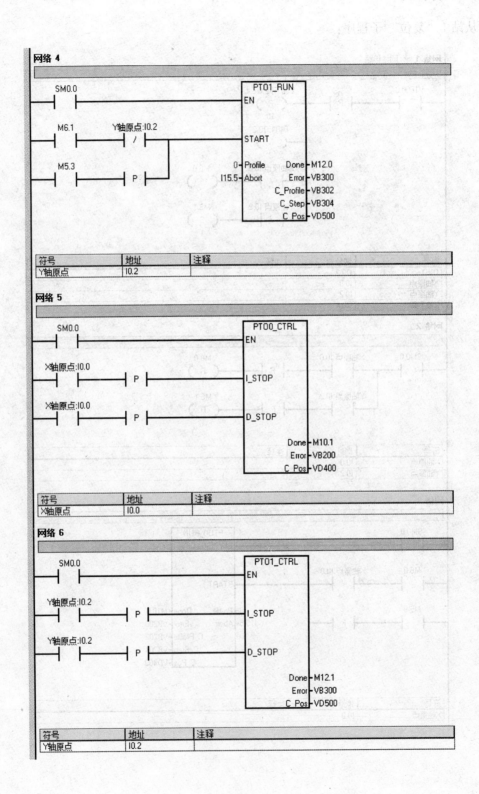

网络 4

符号	地址	注释
Y轴原点	I0.2	

网络 5

符号	地址	注释
X轴原点	I0.0	

网络 6

符号	地址	注释
Y轴原点	I0.2	

符号	地址	注释
X轴原点	I0.0	
Y轴原点	I0.2	
Z轴原点	I0.4	

◄ ► ►► 主程序 ＼复位 ＼传送带 ＼步进电动机＼ HSC_INIT ＼ HSC_INIT_0 ＼ INT_0 ＼ PTO0_CTRL ＼ PTO0_RU

从站 1 "传送站" 子程序:

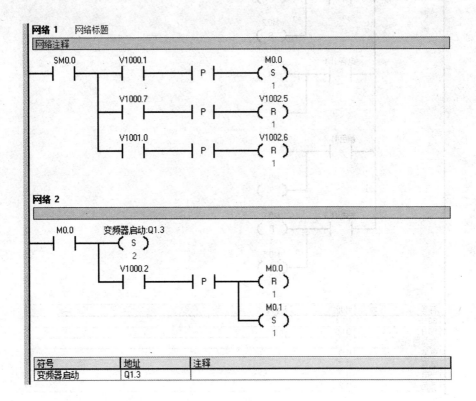

符号	地址	注释
变频器启动	Q1.3	

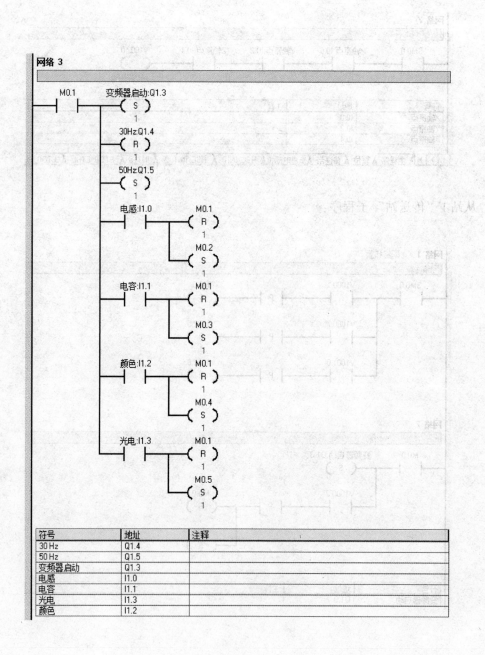

符号	地址	注释
30 Hz	Q1.4	
50 Hz	Q1.5	
变频器启动	Q1.3	
电感	I1.0	
电容	I1.1	
光电	I1.3	
颜色	I1.2	

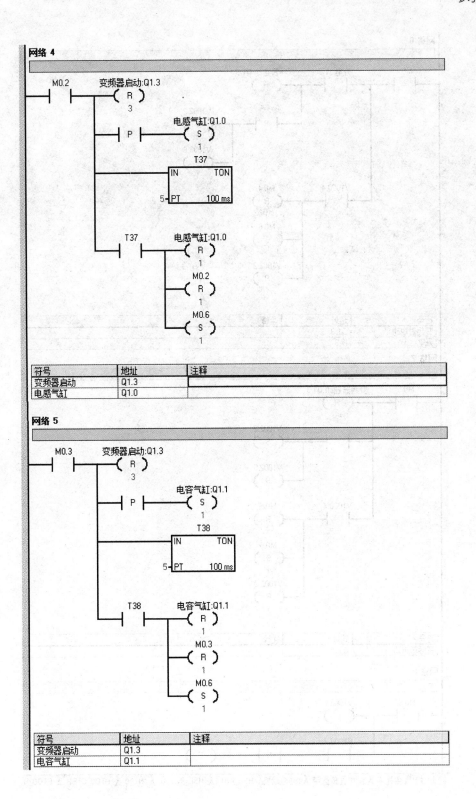

网络 4

符号	地址	注释
变频器启动	Q1.3	
电感气缸I	Q1.0	

网络 5

符号	地址	注释
变频器启动	Q1.3	
电容气缸I	Q1.1	

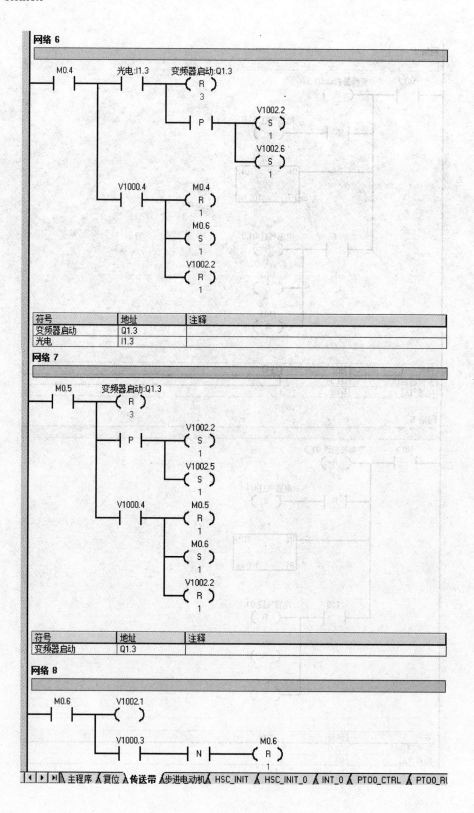

符号	地址	注释
变频器启动	Q1.3	
光电	I1.3	

符号	地址	注释
变频器启动	Q1.3	

网络 8

◄ ► ►│ 主程序 ╱ 复位 ╱ 传送带 ╱ 步进电动机 ╱ HSC_INIT ╱ HSC_INIT_0 ╱ INT_0 ╱ PTO0_CTRL ╱ PTO0_RU

从站 1 "步进电动机" 子程序：

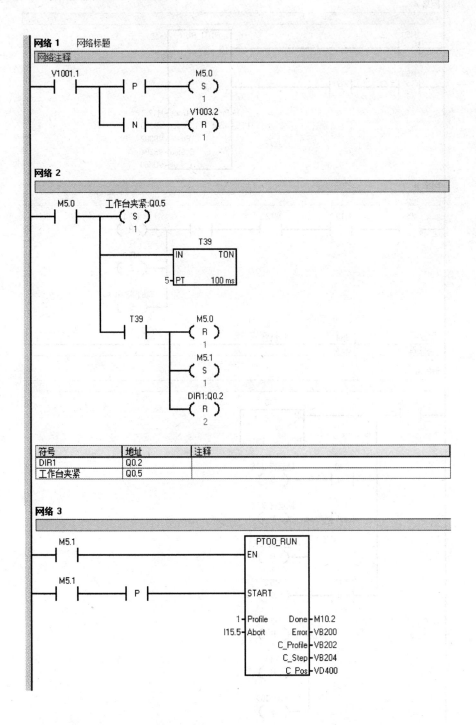

网络 1　网络标题

网络注释

符号	地址	注释
DIR1	Q0.2	
工作台夹紧	Q0.5	

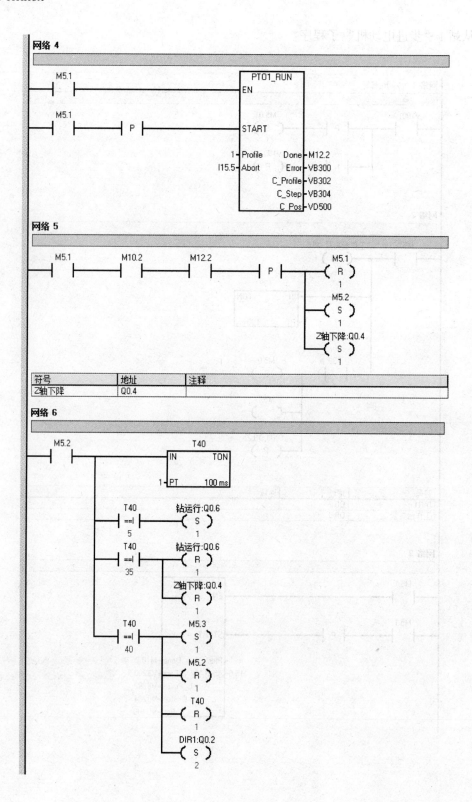

符号	地址	注释
DIR1	Q0.2	
Z轴下降	Q0.4	
钻运行	Q0.6	

网络 7

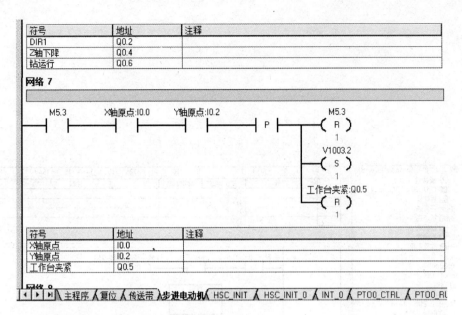

符号	地址	注释
X轴原点	I0.0	
Y轴原点	I0.2	
工作台夹紧	Q0.5	

网络 8

◄ ► ► ► 主程序 ╱ 复位 ╱ 传送带 ╱ **步进电动机** ╱ HSC_INIT ╱ HSC_INIT_0 ╱ INT_0 ╱ PT00_CTRL ╱ PT00_RU

从站 2 程序：（第二台 S7 – 200PLC）

从站 2 主程序：

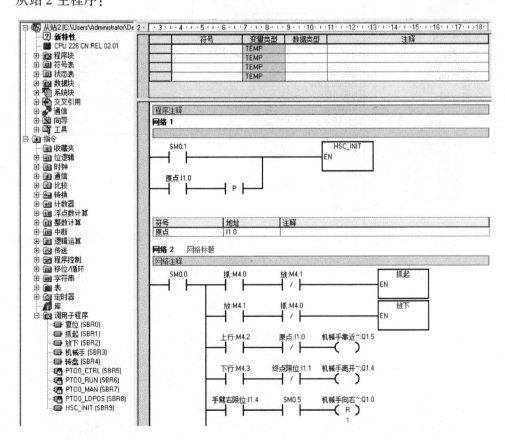

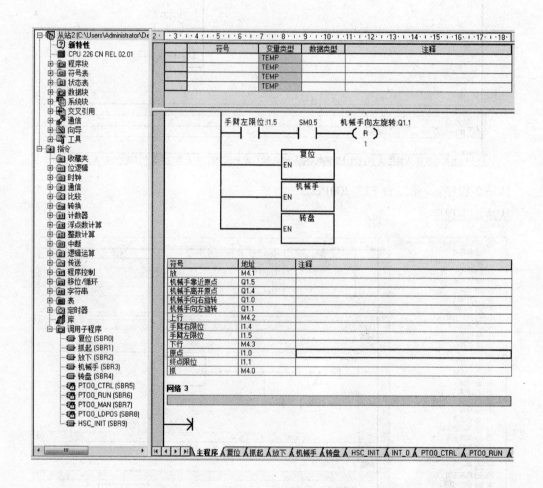

从站 2 "复位" 子程序

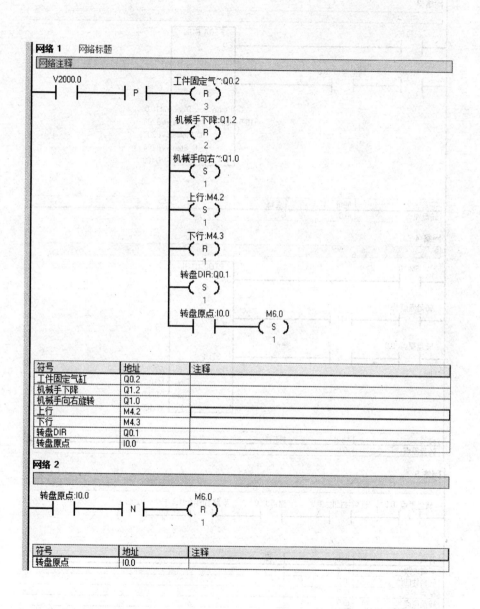

符号	地址	注释
工件固定气缸	Q0.2	
机械手下降	Q1.2	
机械手向右旋转	Q1.0	
上行	M4.2	
下行	M4.3	
转盘DIR	Q0.1	
转盘原点	I0.0	

网络 2

符号	地址	注释
转盘原点	I0.0	

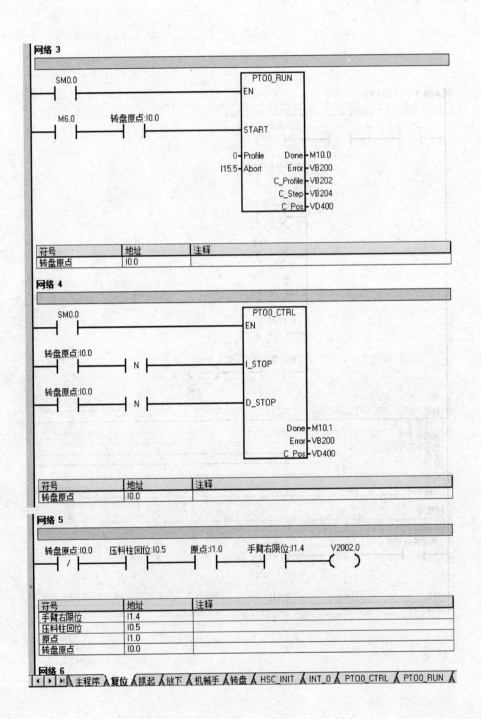

符号	地址	注释
转盘原点	I0.0	

符号	地址	注释
转盘原点	I0.0	

符号	地址	注释
手臂右限位	I1.4	
压料柱回位	I0.5	
原点	I1.0	
转盘原点	I0.0	

网络 6

◀ ▶ ▶| 主程序 ╲ 复位 ╲ 抓起 ╲ 放下 ╲ 机械手 ╲ 转盘 ╲ HSC_INIT ╲ INT_0 ╲ PTO0_CTRL ╲ PTO0_RUN ╲

从站 2 "抓起" 子程序

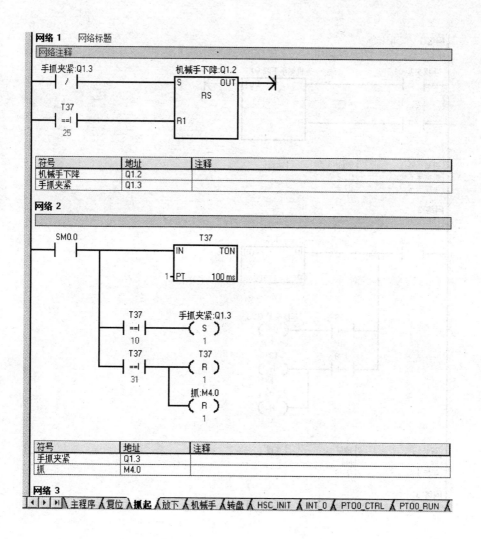

网络 1　网络标题

网络注释

符号	地址	注释
机械手下降	Q1.2	
手抓夹紧	Q1.3	

网络 2

符号	地址	注释
手抓夹紧	Q1.3	
抓	M4.0	

网络 3

◀ ◀ ▶ ▶│ 主程序 ╱ 复位 ╱ 抓起 ╱ 放下 ╱ 机械手 ╱ 转盘 ╱ HSC_INIT ╱ INT_0 ╱ PTO0_CTRL ╱ PTO0_RUN ╲

从站 2 "放下" 子程序

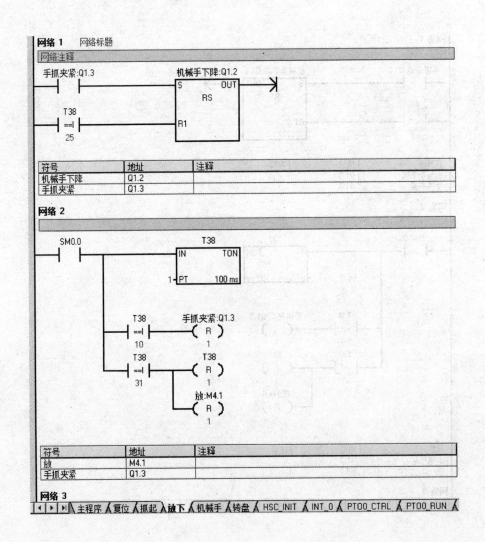

从站 2 "机械手"子程序

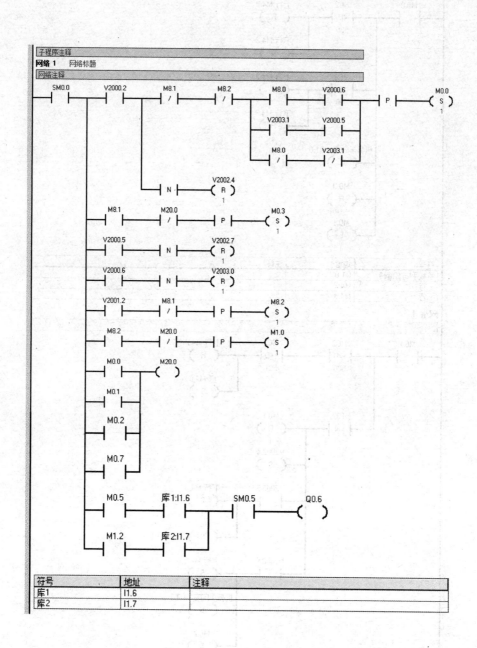

符号	地址	注释
库1	I1.6	
库2	I1.7	

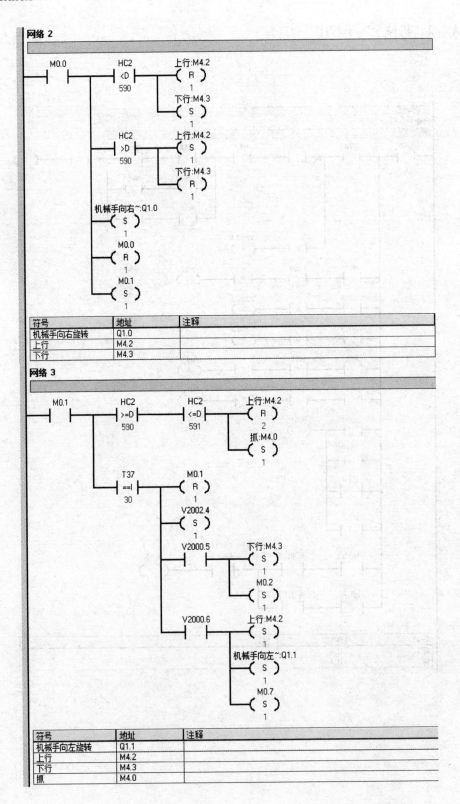

网络 2

符号	地址	注释
机械手向右旋转	Q1.0	
上行	M4.2	
下行	M4.3	

网络 3

符号	地址	注释
机械手向左旋转	Q1.1	
上行	M4.2	
下行	M4.3	
抓	M4.0	

网络 4

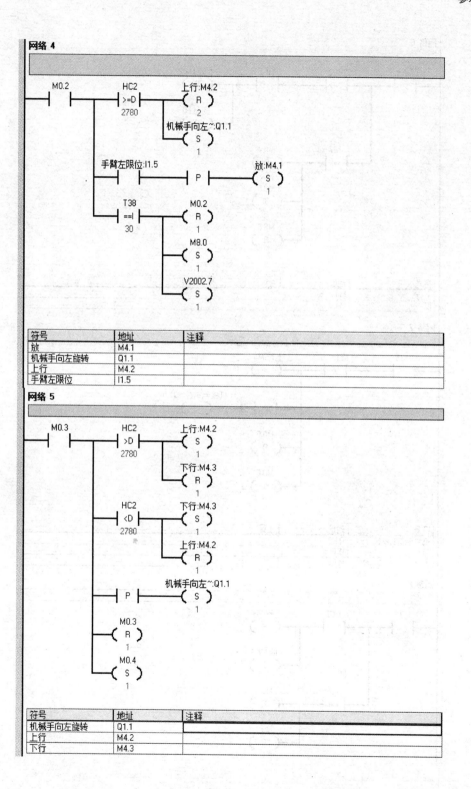

符号	地址	注释
放	M4.1	
机械手向左旋转	Q1.1	
上行	M4.2	
手臂左限位	I1.5	

网络 5

符号	地址	注释
机械手向左旋转	Q1.1	
上行	M4.2	
下行	M4.3	

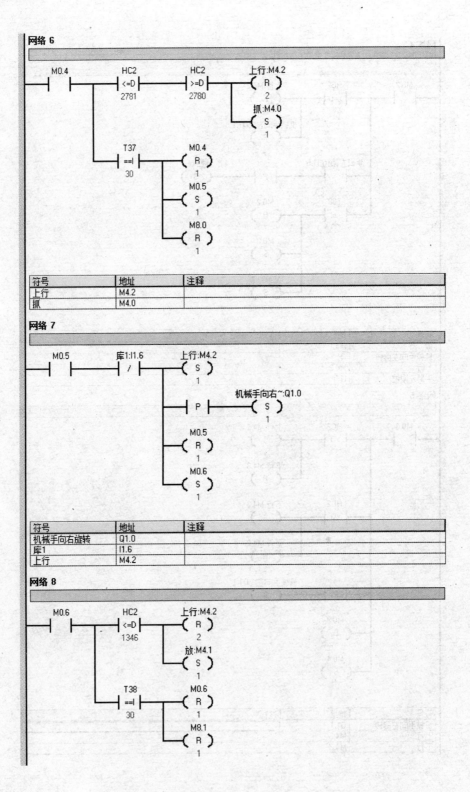

网络 6

符号	地址	注释
上行	M4.2	
抓	M4.0	

网络 7

符号	地址	注释
机械手向右旋转	Q1.0	
库1	I1.6	
上行	M4.2	

网络 8

符号	地址	注释
放	M4.1	
上行	M4.2	

网络 9

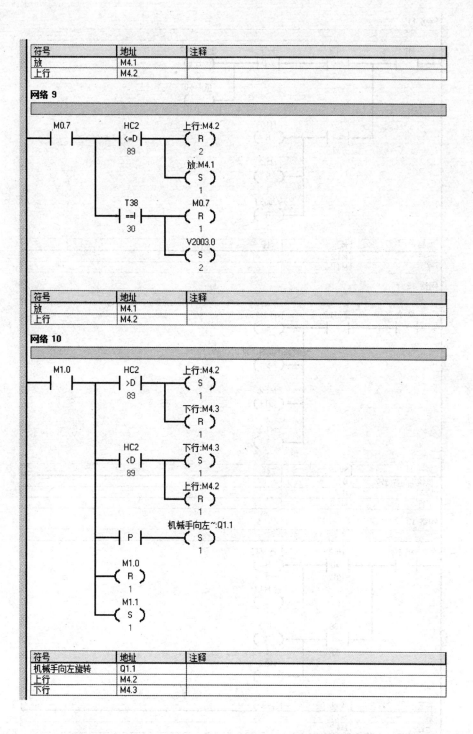

符号	地址	注释
放	M4.1	
上行	M4.2	

网络 10

符号	地址	注释
机械手向左旋转	Q1.1	
上行	M4.2	
下行	M4.3	

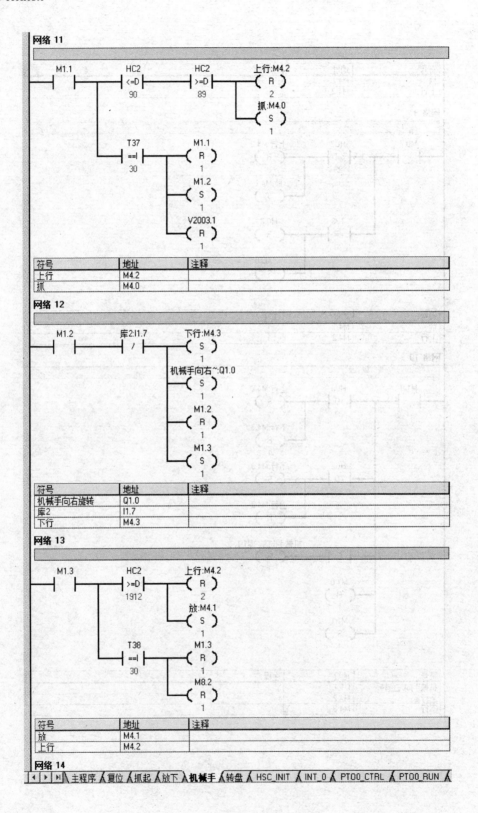

网络 11

符号	地址	注释
上行	M4.2	
抓	M4.0	

网络 12

符号	地址	注释
机械手向右旋转	Q1.0	
库2	I1.7	
下行	M4.3	

网络 13

符号	地址	注释
放	M4.1	
上行	M4.2	

网络 14

◄ ► ►│ \ 主程序 \ 复位 \ 抓起 \ 放下 \ **机械手** \ 转盘 \ HSC_INIT \ INT_0 \ PT00_CTRL \ PT00_RUN \

从站2 "转盘" 子程序

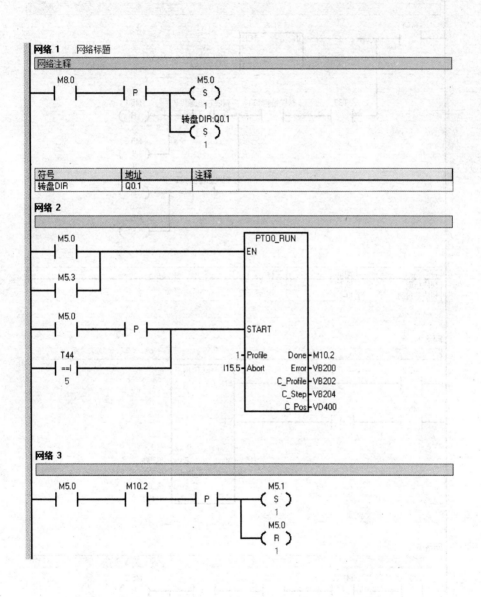

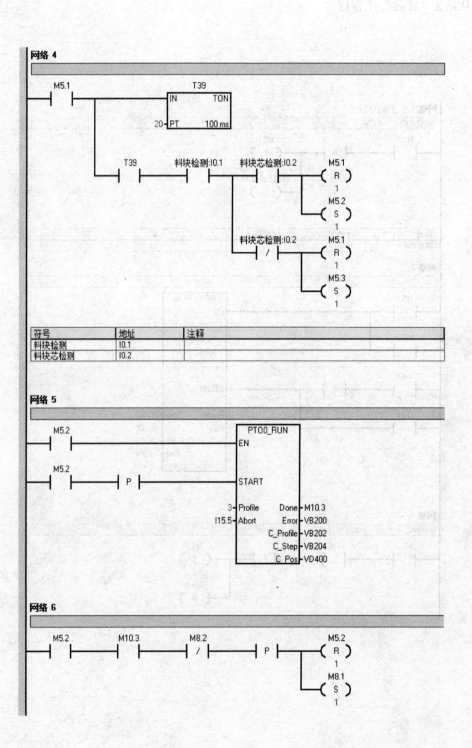

网络 4

符号	地址	注释
料块检测	I0.1	
料块芯检测	I0.2	

网络 5

网络 6

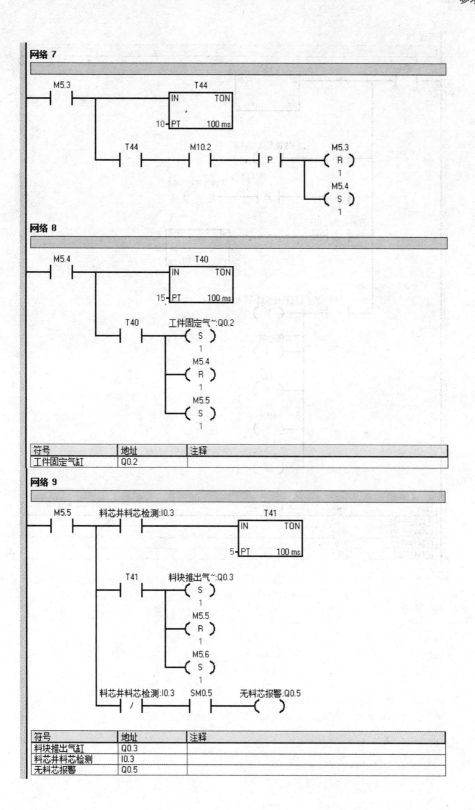

网络 7

M5.3 ── T44
IN TON
10 - PT 100 ms

T44 ── M10.2 ── P ── M5.3 (R) 1
M5.4 (S) 1

网络 8

M5.4 ── T40
IN TON
15 - PT 100 ms

T40 ── 工件固定气~:Q0.2 (S) 1
M5.4 (R) 1
M5.5 (S) 1

符号	地址	注释
工件固定气缸	Q0.2	

网络 9

M5.5 ── 料芯井料芯检测:I0.3 ── T41
IN TON
5 - PT 100 ms

T41 ── 料块推出气~:Q0.3 (S) 1
M5.5 (R) 1
M5.6 (S) 1

料芯井料芯检测:I0.3 ── / ── SM0.5 ── 无料芯报警:Q0.5 ( )

符号	地址	注释
料块推出气缸	Q0.3	
料芯井料芯检测	I0.3	
无料芯报警	Q0.5	

网络 10

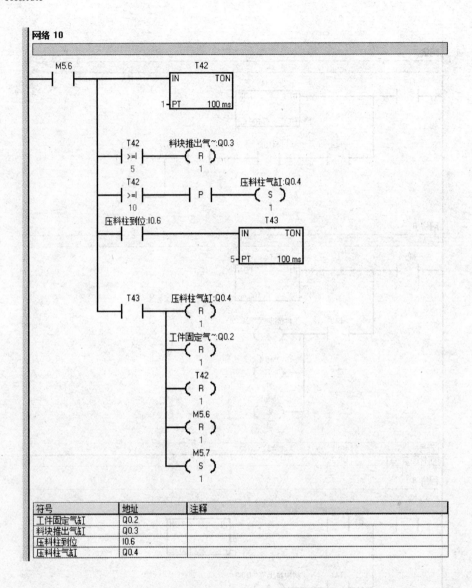

符号	地址	注释
工件固定气缸	Q0.2	
料块推出气缸	Q0.3	
压料柱到位	I0.6	
压料柱气缸	Q0.4	

网络 11

```
        M5.7                              PTOO_RUN
    ─────┤├──────────────────────────┤EN
                                       │
        M5.7                           │
    ─────┤├──────────┤ P ├────────────┤START
                                       │
                                  2 ───┤Profile    Done├─ M10.4
                              I15.5 ───┤Abort     Error├─ VB200
                                       │       C_Profile├─ VB202
                                       │         C_Step├─ VB204
                                       │          C_Pos├─ VD400
```

网络 12

```
     M5.7      M10.4     M8.2                      M5.7
    ──┤├───────┤├───────┤/├───────┤ P ├──────────( R )
                                                    1
                                                  M8.1
                                                 ( S )
                                                    1
```

网络 13

```
◄ ► ►│ 主程序 ╲ 复位 ╲ 抓起 ╲ 放下 ╲ 机械手 ╲转盘╲ HSC_INIT ╲ INT_0 ╲ PTOO_CTRL ╲ PTOO_RUN ╲
```

327